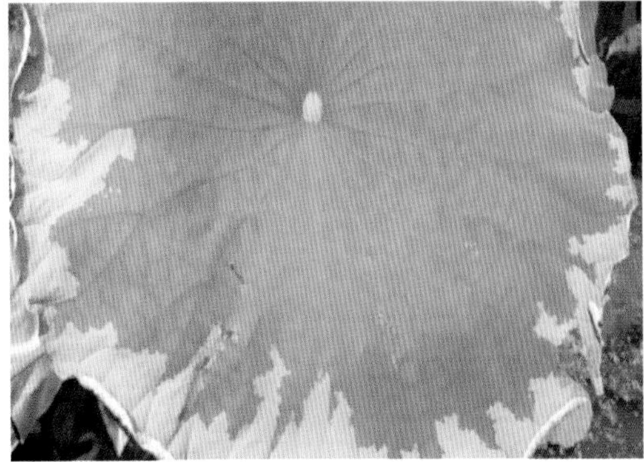

图1　腐败病

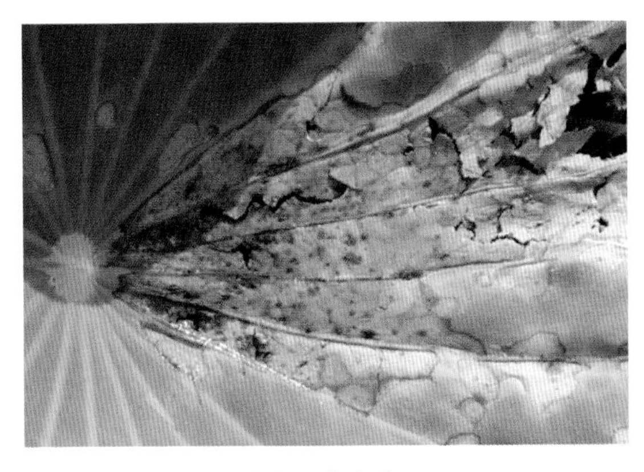

图2　炭疽病

图3　假尾孢褐斑病

图4　叶斑病

图5　黑斑病

图6　叶枯病

图7　棒孢褐斑病

图8　小菌核叶腐病

图9　叶点霉斑枯病

图10　叶疫病

图11　病毒病

图12　褐纹病

图13　锈斑病

图14　食根金花虫

图15　莲纹夜蛾

图16　莲溢管蚜

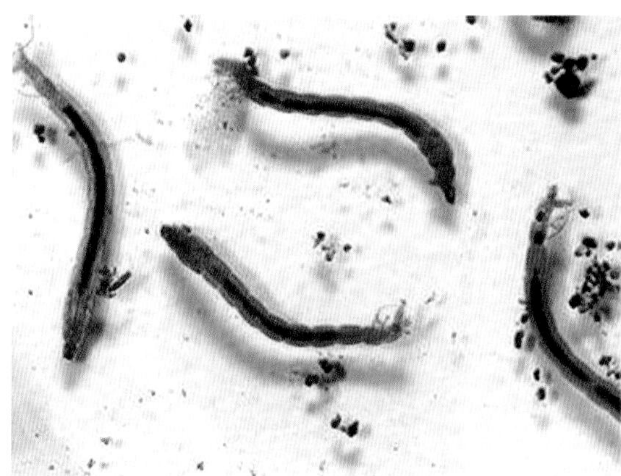

图17　莲潜叶摇蚊

图18　蓟马

一本书明白
沙地莲藕绿色生产与加工技术

YIBENSHU
MINGBAI
SHADILIANOU
LVSESHENGCHANYU
JIAGONGJISHU

王　磊　武君平　主编

"十三五"国家重点图书出版规划

新型职业农民书架·种能出彩系列

山东科学技术出版社　山西科学技术出版社　中原农民出版社
江西科学技术出版社　安徽科学技术出版社　河北科学技术出版社
陕西科学技术出版社　湖北科学技术出版社　湖南科学技术出版社

中原农民出版社　联合出版

图书在版编目(CIP)数据

一本书明白沙地莲藕绿色生产与加工技术 / 王磊，武君平主编. —郑州：中原农民出版社，2019.7
（新型职业农民书架·种能出彩系列）
ISBN 978-7-5542-2071-9

Ⅰ. ①一… Ⅱ. ①王… Ⅲ. 武… ①藕-蔬菜园艺 Ⅳ. ①S645.1

中国版本图书馆CIP数据核字（2019）第094418号

一本书明白
沙地莲藕绿色生产与加工技术
主编：王磊　武君平

出版：中原农民出版社
地址：郑东新区祥盛街27号7层
邮政编码：450016　　电话：0371-65751257（传真）
发行单位：全国新华书店
承印单位：河南育翼鑫印务有限公司
投稿信箱：Djj65388962@163.com
交流QQ：895838186
策划编辑电话：13937196613
购书热线：0371-65788651
开本：787mm×1092mm　1/16
印张：7
字数：130千字　　插页：4
版次：2019年9月第1版　　印次：2019年9月第1次印刷

书号：ISBN 978-7-5542-2071-9　　定价：20.00元

本书编委会

主　任　乔松伟

副主任　马永超　杜国军　王　秀　王建岭　陈东晖　张春方

主　编　王　磊　武君平

副主编　陈　艳　方　磊　郭会玲　胡书红　刘亚琴　毛晓瑞　孙美玲　王崇菲　王瑞芳　王小敏　张趁玲　郑　雷　周艳丽　朱延羽

编写人员（排名不分先后）

陈　艳　方　磊　郭会玲　胡书红　李海亮　韩苏芹　李丽明　吕鹏程　刘亚琴　马　兰　毛晓瑞　毛彦磊　姬小红　孙美玲　吴　飞　武君平　王崇菲　王　磊　王瑞芳　王文斌　王玉德　王小敏　谢旭东　岳俊红　袁世昌　张趁玲　郑　雷　张　佩　祝清峰　张艳丽　周艳丽　朱延羽　郭永涛

前　言

莲藕是我国主要水生蔬菜之一，常年栽植总面积达40万公顷，主要分布在江苏、浙江、湖北、山东、河南、河北、广东等地，素有“东方蔬菜之王”、“水中人参”、“男不离韭，女不离藕”等众多美誉，深受广大消费者喜爱。由于传统的塘藕生产，化肥流失多，管理不便，产量低下，挖藕费用过高，效益很低。近年来，河南多地研究在沙地上栽植浅水莲藕，取得了较好的经济效益。实践证明，沙地莲藕浅水栽植，已成为节水省肥、产量高、管理方便、效益高的栽植模式，特别适合缺水地区推广。

《一本书明白沙地莲藕绿色生产与加工技术》一书共分为五章：第一章，介绍了莲藕在蔬菜生产中的地位与价值，结合我国莲藕生产销售现状与前景、莲藕生产中存在的问题，提出今后的发展对策。第二章，简要介绍了绿色莲藕产地的环境标准和治理，肥料的科学使用及无害化处理，农药的科学使用与管理。第三章，介绍了绿色莲藕质量标准，绿色莲藕的产地认证和产品认证。第四章，介绍了莲藕的生物学特性，莲藕的类型与品种，莲藕的繁殖与良种繁育，沙地莲藕的栽培技术及莲鱼共养技术，莲藕病虫害防治。第五章，介绍了莲藕的采收、储藏与加工。

本书重点突出实用性，通俗易懂，方便农业技术人员解决实际工作中遇到的具体问题，可供广大莲藕生产者、基层农业科技工作者及食品加工者参考阅读，以求帮助有志于创业致富的朋友们早日实现梦想！

本书在编写过程中参考与引用了有关著作，如《莲藕无公害栽培加工技术》（于清泉）、《莲藕病虫草害识别与综合防治》（魏林、梁志怀），以及杂志、报刊、互联网上发表的有关资料，其中许多无法在本书参考资料中一一列出，谨向这些资料的作者表示深深的感谢。同时本书的出版得到了中牟县农业农村工作委员会领导的大力支持和中牟县职业中等专业学校有关老师的指导，在此一并致谢。本书编者都来自农业生产一线，理论水平有限，加之时间仓促，难免会出现一些不妥之处，敬请广大读者提出宝贵意见，以便今后修订完善。

编　者

2018 年 3 月

目　录

第一章　概　述

莲藕，又叫莲、荷、藕等，又称蓉玉节、玉玲珑、玉笋等，为睡莲科多年生宿根草本植物。荷花蕊名莲须，果壳名莲蓬；果实为莲肉或莲子，其中的胚芽名莲心，莲的地下根茎名藕。莲藕是一种古老的植物，也是被子植物中起源最早的物种之一。莲藕在我国栽培历史悠久，很多省份均有栽培，是一种用途十分广泛的水生经济作物，它不仅可供食用、药用，花还是中国十大名花之一，深受广大人民群众喜爱。

第一节　莲藕生产的地位与价值

一、莲藕生产的地位

莲藕按其用途大致可分为藕莲、子莲和花莲 3 类。藕莲主产于湖北、江苏、安徽、浙江、山东、广东、河南等省；子莲主产于湖南、福建、江西、湖北、浙江等省，以湖南种植面积最大，其次是福建和江西；花莲以武汉、杭州、北京、南京、济南、合肥、深圳、澳门等地居多。花莲观赏其花，不作蔬菜食用，是重要的花卉植物之一。藕莲和子莲都作蔬菜栽培，子莲以食其种子（莲子）为主，藕莲以食用其地下茎为主。但在生产实践中人们往往把藕莲亦称为莲藕。

莲藕在我国栽培面积很大，品种也比较多。据中国农业科学院调查，从东北三省到海南岛都有它的踪迹，栽培主产区在长江流域和黄淮流域，以湖北、江苏、安徽等省的种植面积最大，具有不同特色的各地品种有 120 多个，栽培面积达 40 万公顷。近年来，随着农村产业结构的调整及一些湖荡资源、荒洼资源的开发利用，使莲藕生产得到较快发展。如山东省菏泽市利用荒洼地多的优势，大搞水产开发，发展莲藕种植，全市年种植面积达 1.6 万公顷，产藕 24 万多吨，从而使莲藕生产成为当地群众一项重要的经济收入来源。同时，随着品种的改良、栽培技术的改进等，莲藕的生产水平也有较大幅度的提高，莲藕产量由 20 世纪 80 年代亩（1 亩≈667 米^2）

产 500 ~ 750 千克，提高到 1 500 ~ 2 500 千克。采用高产品种和新的栽培方式达到 3 000 ~ 3 500 千克。子莲的莲子产量也由 20 世纪 80 年代的亩产 40 ~ 50 千克，提高到 60 ~ 80 千克，最高产量达 120 千克以上。

二、莲藕的价值

（一）食用与营养价值

藕，微甜而脆，营养十分丰富。据彭静等对 56 份藕进行测定，藕成分中干物质占 20.42%，可溶性糖占 3.29%，淀粉占 11.37%，蛋白质占 0.46%，维生素 C 含量为 57.90 毫克 /100 克，维生素 B 为 0.1 毫克 /100 克。藕色白、质脆、味甜，既可作水果或凉拌菜生食，也可通过炒、煮、蒸、煨等不同加工方式做成各种佳肴，如拔丝藕片、藕夹、糖醋藕片等进行熟食，还可加工成藕粉、藕汁、蜜饯、糕点、蜜汁甜藕等食品，其色、香、味俱佳。花谢长莲时，藕最鲜嫩味美，民间有“头刀韭，谢花藕”的谚语。

莲藕的种子称莲子。莲子中含有碳水化合物 62%、蛋白质 16.6%、粗脂肪 2.7%，每 100 克莲子还含钙 87 毫克、磷 0.6 毫克、铁 6.3 毫克等。莲子鲜嫩时也可生食或做成甜食、汤菜等，而莲子汤是宴席上的名贵珍品，如莲子冬菇汤等，甚为人们所喜爱。莲子还可加工成莲子粉，用以制备各种副食品。近年来各地积极开展莲子深加工，研制出了一系列莲子产品，如莲子乳晶饮料、糖水莲子罐头、莲子八宝粥、莲子夹心巧克力等，在市场上深受消费者欢迎。

（二）药用价值

莲藕全身都是宝，其各个部分均可入药，是一种疗效显著的药材，生吃熟食，老少皆宜。历代医家对莲藕的保健作用评价甚高，如《神农本草经》将其列为上品，谓莲实有“补中养神，益气力，除百疾”之功。李时珍称莲藕为“脾之果”。

1. 果实种子部分

1）莲子　味甘、涩、性平、无毒，具有补中养神、止渴解热、清心养神、固精强骨、补虚损、利耳目等功效。主治夜寐多梦、腰痛遗精、脾虚、小便频繁、久痢、小儿热渴、妇女崩漏带下等症。

2）莲衣　莲子的种皮。味苦涩、性凉、无毒。具有收敛止热、清热利湿等功效。主治出血、心胃浮火等症。

3）莲心　为成熟种子的绿色胚芽，味苦、性寒、无毒。入心、肺、肾经。能清心祛热、止血、涩精等。主治心烦口渴、目赤肿痛、遗精，现用以降血压、强心等。

4）莲房　为除去莲子的莲蓬壳。味苦涩、性温、无毒。可消瘀、止血、祛湿等。主治崩漏、产后瘀阻、血痢、痔疮、脱肛等症。

2. 花、叶部分

1）莲花　性味苦、甘、性温、无毒。具活血止血、祛湿消风等功效。干后研末用酒服，治坠损呕血、积血；花贴之，治天疱湿疮。此外还可治产妇难产，有催产的作用。

2）莲须　为莲盛开花的雄蕊。味甘、涩、性平、无毒。入心、肾经。能清心、益肾、涩精、止血。主治梦遗滑泄、吐、衄、崩、带、泻痢等症。

3）荷叶　味苦涩、性平、无毒，晒干煎汤内服或入丸散，能清暑利湿、生津止渴、升发清阳、止血，治暑湿泄泻、眩晕等症状；烧炭研末，麻油调匀，敷患处，可治黄水疮。

4）荷梗　为莲藕的叶梗或花梗。味微苦、性平、无毒。能清热解暑、通气行水、泻火清心。煎汤内服，可治暑湿胸闷、泄泻、痢疾、淋病、滞下等症。

5）荷蒂　为荷叶的基部部分。味苦、性平、无毒。能清暑祛湿、利血安胎。主治血痢、泄泻、妊娠胎动不安。此外还能解蕈毒、健脾胃等。

3. 地下茎部分

1）藕　藕生食能清热凉血、散瘀、止血、止渴、醒酒，熟食可养血、开胃、健脾、益气、滋阴、止泻、生肌等。

2）藕节　味涩、性平、无毒。能止血、散瘀、清热解毒。主治咯血、吐血、衄血、尿血、血痢、遗精反浊等症。

（三）观赏价值

莲花又称荷花，为我国十大名花之一，目前我国已形成了众多的荷花观赏地，如西湖、洞庭湖、洪湖、东湖、微山湖和大明湖、玄武湖、莲湖、白洋淀、承德避暑山庄等。微山湖是山东省第一大淡水湖泊，约有700公顷荷花。每当夏季来临，满湖荷花，十里飘香，清风徐来，碧波荡漾。清晨赏荷，荷叶玉珠滚滚。中午赏花，映日荷花别样娇艳妩媚，朵朵花儿像个个待出嫁的新娘。傍晚的微山湖，片片流霞，朵朵争艳，渔歌唱晚，仿佛使人置于美妙的仙境之中。山东济南大明湖也是一处久负盛名的荷花观赏地，唐时就有“莲子湖”之称。每到夏令，湖内大面积荷花陆续开放，并且花期延续时间较长。它们与潋滟的湖光，依依的垂柳相辉映，组成了一幅优美的风景图画，美不胜收，令人流连忘返。

荷花现已被许多城市推举为市花，如山东省济南市和济宁市、湖北省孝感市和洪湖市、河南省许昌市、广东省肇庆市等，并举行多次荷花展，吸引了大量的观光者，促进了当地经济的发展。

（四）文化价值

莲藕与文化有着极为密切的联系，这种联系表现在文学艺术、音乐舞蹈、书法绘画等诸多方面，形成了荷的文化。

在文学艺术方面，数千年来，由于人们对荷花的推崇和厚爱，有关荷的诗歌、词赋等可以说是数不胜数。我国北宋理学家周敦颐的《爱莲说》“莲出淤泥而不染，濯清涟而不妖。中通外直，不蔓不枝，香远益清，亭亭净植，可远观而不可亵玩焉。”一直是高洁品性的象征。在中国的古文学中，莲与爱情一再相融。如汉代《古诗十九首》中的：“涉江采芙蓉，兰泽多芳草。采之欲遗谁，所思在远道。”

在音乐、舞蹈方面，汉乐府《江南可采莲》诗中有：“江南可采莲，莲叶何田田。鱼戏莲叶间。鱼戏莲叶东，鱼戏莲叶西，鱼戏莲叶南，鱼戏莲叶北。”这是一首男女对唱的相和曲，蕴涵着浓厚的生活情趣，南朝时期这首歌已广为传唱。

关于荷花书法绘画，早在南朝梁元帝萧绎所绘《芙蓉湖醮鼎图》，是我国较早的一幅荷图。近现代，更是有许多绘画大师，挥毫泼墨，描绘出许许多多的荷花作品。关于荷的书法，古往今来，已逐步形成我们中华民族文化艺术的重要源流之一。

（五）其他用途

莲藕除了营养价值和药用价值很高外，它的非食用部分还有其他用途。荷叶不怕水渍、油污等，用之包鲜鱼不易变质，用之包熟食和卤菜，既干净又稍具清香。荷叶中含有大量的叶绿素，既可以提取作为食品工业的添加剂，还可以用来养蚕和喂草鱼等。莲蓬、莲子壳、莲梗，可提炼染料或制取活性炭。莲子投于卤中，可测量卤的浓度。莲心可以制作莲心酒、莲心茶等。荷花花瓣夹在书中可以防虫蛀，初生之花用开水浸泡可以作为饮料。加工藕粉后的粉渣，可以作为饲料。利用藕粉采取生物技术的方法，可生产出一系列淀粉衍生物，这些衍生物不仅可以作为食品工业的原料或添加剂，而且还可以用于造纸业、印刷业、纺织业、医药业等。此外，莲藕作为一种水生植物，可以净化环境。据现代环境科学研究证明，莲藕在污染的环境里生长，可吸收、蓄积多种金属元素，使土壤里的铁、锰、锌、铝、镉等大量残留在莲藕中。特别是藕节，可蓄积毒性较大的镉元素。

第二节　莲藕生产概况、发展趋势及发展对策

一、莲藕生产概况

1. 生产现状　莲藕在我国是一种广为栽培的水生蔬菜，深受广大人民群众喜爱。在我国，南起海南岛，北至辽宁等省均有栽培，长江流域的湖北、江苏、安徽等省种植面积较大，江西省的广昌、福建省的建宁和湖南省的湘潭等地为子莲集中产区。武汉、杭州、合肥等地为花莲集中产地。江苏省的太湖、里下河、高邮，湖北省的武汉市、洪湖、鄂州、荆门、孝感，湖南省的洞庭湖，河南省的新郑、信阳、开封等地为莲藕集中产区。其中，苏州花藕、宝应贡藕、武汉州藕、潜水雪湖藕等早已驰名中外。因此，其栽培面积之广，品种之多，居各种水生蔬菜之首。近年来，我国北方各省如河南、山东等地莲藕栽培的发展也较快，且具有一定的规模。

子莲的主要产区在湖南、福建、江西、湖北和浙江等省，其中以湖南省的种植面积最大，其次是福建省和江西省。估计目前全国种植总面积已达 2 万公顷以上，莲子总产量达 1.35 万吨左右。

随着品种的改良，栽培技术的改进，速繁、防病等技术的发展，莲藕的生产水平有了较大的提高，莲藕产量由 20 世纪 80 年代前每亩 500 ~ 750 千克，提高到 1 500 ~ 2 500 千克，最高田块达 5 000 千克以上，子莲产量由每亩 30 ~ 40 千克，提高到 40 ~ 50 千克，最高达到 120 千克。如江苏省宝应县利用湖荡滩地种植 8 000 公顷，年产鲜藕 12 万吨以上，一部分加工后外销，年出口 3 万吨，约占全国莲藕出口量的 70%，成为目前我国最大的莲藕生产、加工和销售基地，被誉为“中国荷藕之乡”。

近些年，由于北方地下水位逐年下降，大部分河流、湖泊、坑、塘干涸及河水污染等原因，莲藕种植面积大幅度下降，少而分散，且因传统种植方式产量低，远远满足不了北方市场的需求，每年都需从南方调入大量莲藕供应市场，且价格偏高。

2. 销售现状和前景　目前，我国水生蔬菜产品 95% 以上在国内市场销售，其中以藕及其制品的销售量在各种水生蔬菜中居首位，约占全部水生蔬菜产品销售量的 1/4。由于我国各地都有把藕做菜或副食品食用的习惯，同时藕的采收上市期长达半年以上，又较耐储运，可在全国大部分省、市运销；加之藕可加工成多种制品，如可制藕粉、加工罐藏、制藕汁饮料等，满足多方面的消费需求。因此，藕的销路甚广，销量很大。虽然莲子在全国各地也有消费习惯，但一般是作为滋补品，又因其价格较高，除节日、宴会、病人调养等食用外，较少作为日常用菜，因此销量不大。

但莲子多为干藏或罐藏，耐储运，平均年销量也达 1 万吨左右，且随着人们生活水平不断提高，莲子销量也有增加的趋势。

莲子、鲜藕及其加工的食品，是我国的传统大宗出口商品，在国际市场享有较高的声誉。目前国内种植主要采取农户承包制和企业承包制，其中企业承包后一般将鲜藕进行加工后出售，这类企业以私营企业为主，数量较多。另有数以万计的农户进行种植。因此行业从业人数较多。鲜藕的出口外销主要是其加工制品，以盐渍藕为主，其次为速冻藕和真空保鲜藕；主要出口日本，也有少量销往东南亚等国。近年来，盐渍藕、速冻保鲜藕等外贸需求量均在逐年增加，仅江苏省出口盐渍藕一项，每年就达 2 万吨以上，创汇近 1 000 万美元。莲子以其剥去外壳、除掉莲心后的干制白莲出口，主要销往东南亚各国。目前，我国的莲藕出口产品多属于初加工制品，外销范围也只是亚洲近邻国家。

目前国内莲藕行业差异化主要体现在产品差异化，为了在竞争越来越激烈的行业中胜出，有实力的企业纷纷投入较多研发资金进行产品创新，设计出更多的莲藕深加工产品。另外，行业的品牌差异化也较为明显，如藕粉行业目前较为知名的品牌有天池、天堂、三家村等。今后随着我国食品工业和蔬菜储藏保鲜技术的发展，莲藕的销售量也将有较大的增加。

3. 国内外经济形势对莲藕行业的影响　主要体现在 2008 年下半年爆发的国际金融危机使得行业种植面积增速和产量增速有所减小，2010 年以来恢复到较好态势。

二、河南省莲藕生产现状与发展趋势

河南省地处中原，山峦起伏，河流众多，豫南坑塘、畈田如网，黄河两岸、豫东低洼易涝区和其他有水的地区，均可以种植莲藕。河南省栽培的地方品种有信阳白莲、社旗快藕、灵宝闺莲、杞县糟尾藕等。其中灵宝闺莲产在紧靠黄河南岸灵宝市境内的张村，村北有五龙泉，形成莲湖，产于泉水附近的莲藕脆嫩少丝，有藕断丝不连的特点。

沙地节水莲藕栽培最早在河南省新郑市推广应用，近年来，在河南省许昌、漯河、新乡、开封、周口、濮阳、信阳等地也大面积推广应用这一项技术。节水莲藕主要采用井水灌溉，无污染，产量高，品质好，表皮洁白鲜嫩，口感细腻脆甜，食用纯净无渣，节约水肥资源，延长生物链条，易于调控栽培，综合效益较好。与我国南方当地传统莲藕生产方式相比，既可节水又增加了产量和效益，是一项能合理开发利用“三荒”（荒岗、荒沟、荒坡）资源、改善生态环境、调整优化农业结构、提高农民收入的富民项目。目前，已在新郑及周边地区发展开来，面积不断扩大，而且还带动了农副产品深加工等农业企业的发展。

三、莲藕生产中存在的问题及发展对策

随着莲藕生产的快速发展，莲藕栽培面积发展较快。但由于莲藕属无性繁殖，因气候、土壤、环境等因素及选种的方法差异，多年种植后品种易产生变异，影响优良品种的种性。由于高新技术普及到位率较低，质量较差，一些生产技术规程和管理办法落后于生产实际。同时，生产规模小，储藏保鲜和深加工能力有限等原因，造成莲藕生产效益逐年下滑，有的地方甚至出现了销路不畅、藕贱伤农的现象。这影响了广大农民调整种植结构、发展莲藕生产的积极性，严重制约了产业的快速发展。另外，莲田土壤、水体、空气等环境因素也遭受到了不同程度的污染，严重阻碍了莲藕绿色生产的快速发展。解决该问题的具体方法如下：

1. 实现莲藕良种化　由于莲藕在我国多为传统种植，不少地区连作栽培，致使品种混杂和衰退现象普遍存在，且已影响到产量、质量和销售。因此，莲藕栽培要达到高产优质，首先就要良种化。为此，要因地制宜地引进推广适于当地发展的优良品种，建立良种繁育基地，并做好提纯复壮和有计划轮流更新品种等工作。生产上禁用莲子繁殖种藕和盲目引种。

2. 栽培管理科学化　当前生产上很多种植莲藕地区尤其是新建莲区管理粗放，栽培技术水平较低，莲藕单产低、质量差，效益低。主要表现为：许多莲农不施基肥（底肥）或少施基肥，盲目使用化肥，不重视有机肥；不耕翻，不耙田；稀大穴栽植；水层管理上，则一直灌深水等。要解决这些问题，必须改进莲藕传统栽培技术措施，大力推广莲藕优质高产栽培新技术。一是要重施基肥，大力提倡轮作绿肥，增施有机肥，实现配方施肥；二是适时耕翻耙平田地；三是合理密植；四是合理灌水晒田；五是要精细管理好莲田等。

3. 加强莲藕病虫害防治工作，实现莲藕无公害栽培　近几年来，由于引种、连作和天敌减少等原因，莲藕种植区病虫害普遍发生，有的地区甚至造成严重减产。针对这种情况，要提倡轮作，提高栽培管理水平，树立防重于治和综合防治的指导思想，加强病虫害的检疫、预测预报和防治工作。莲藕的无公害生产，防治病虫害必须达到无公害要求，应以生物防治为主，化学防治为辅；前者多用生物农药和利用天敌，后者要选用高效低毒和残留期短的农药，保证莲藕产品中的农药残留量不超标。

4. 推广莲田高效栽培模式，提高综合效益　单一栽培经济效益差，影响莲农的收入和生产积极性。因此，要有效地利用莲田、莲池和莲湖，合理间作、轮作或套养一些适于其生态环境的其他经济作物或鱼等水生动物，不仅可以提高莲田复种指数和综合效益，而且对防治莲藕病虫害也有一定的好处。如河南省郑州地区的莲农已有效地尝试了麦莲套种、莲麦轮作、莲菜轮作等种植模式，还成功探索出莲田套养鱼、泥鳅等种养新技术，不仅提高了土地的产出率，而且还改善了环境，取得了较好的经济效益和社会效益。

5. 促进莲藕设施栽培发展，提高莲藕产品采后储藏保鲜和加工能力　莲藕设施栽培尤其是早熟保护覆盖栽培，不仅可以填补 6 月莲藕市场空白，抢占市场断档期，满足国内市场和加工出口的需求，而且又可增加莲农收入。目前，我国莲藕储藏保鲜、加工能力明显不足，一些莲区出现积压卖难现象。因此，要抓好采后环节，提高储藏容量和深加工能力，避免大批莲藕在短期内抢占市场带来的滞销和跌价现象，以提高莲藕生产的经济效益。

6. 扩大宣传，树立品牌意识，实施名牌战略，促进销售　目前，莲藕生产虽有较大发展，但由于人们的消费食用习惯，尤其在北方市场，莲藕产品仍多为传统利用方式，市场上多为供应鲜藕和莲子，消费量并不大，而莲藕深加工的系列产品也很少。为此，要进一步宣传莲藕的食用营养价值等，积极开发莲藕系列产品，扩大应用范围，使国内外有更多的人喜爱莲藕产品。同时在基地生产上，把莲藕作为无公害食品、保健食品和绿色食品的品牌来培育市场，并切实在产品质量、宣传促销上下功夫，不断开拓莲藕市场，提高莲藕产品在国内外市场的知名度。

7. 发展莲藕生态观光旅游，实施莲藕综合开发，推进产业化经营　在农业生态旅游中，莲藕具姿色香韵景观美、悠久文化艺术美、自然生态环境美和鲜尝熟食口味美等特点，因此应大力开发和充分利用莲藕资源优势，发挥生产、生活、生态功能，建设优美和谐的生态环境，形成集莲藕生产、观赏旅游、饮食、休闲垂钓于一体的旅游景点，促进相关产业发展。要依托莲藕生产基地，适当发展花莲的种植面积，体现看荷叶、赏荷花、采莲子、食鲜藕、购加工产品的特色，走莲藕产品生产、观光旅游和综合利用之路，实现经济效益、社会效益和生态效益的统一。

第三节　绿色莲藕的概念及生产意义

一、绿色莲藕的概念

绿色莲藕是指产地环境、生产过程、产品质量符合国家有关标准和规范的要求，经认证合格获得认证证书并允许使用绿色食品标志的直接用作食品的莲藕。

绿色莲藕并非指产品中绝对不含残留农药和其他有毒物质，而是指产品中的农药残留量和其他有毒有害物质的含量不超过国家或农业行业规定的允许标准。一般情况下，在绿色食品标准的产地环境条件下，按照规定的生产技术规程进行生产，莲藕产品质量达到我国无公害食品产品标准的、食用安全的莲藕即为绿色莲藕。

绿色莲藕是绿色食品蔬菜中的一类。目前，不少莲藕集中产区已注意并重视绿色莲藕的开发，并且已获得批准使用绿色食品标志。如湖北省汉川的莲子、莲藕，武汉蔡甸和东西湖区的莲藕，洪湖的野藕粉、野藕汁、野莲汁等，都已获得绿色食品标志。

二、生产绿色莲藕的重要性及意义

1. 满足人们对安全、优质莲藕消费的需求，也是当今世界农业发展所追求的目标和总趋势　由于环境恶化以及生产环节中的不合理操作，近年来因农产品污染而影响身体健康和生命安全的事件时有发生，使食品安全引起了社会的广泛关注。因此，在生产上实行“从土地到餐桌”全程质量控制，生产出安全、优质、营养丰富无污染绿色莲藕，不仅符合广大消费者的需要，而且也符合我国农业发展的方向。

2. 有利于提高莲藕的品质，增强市场竞争力，也是扩大我国农业对外开放的现实选择　莲藕是我国传统的出口创汇的特色蔬菜之一，近年来莲藕生产发展较快，不少地方把莲藕生产作为当地特色农业和支柱产业之一。虽然我国莲藕生产有量的提升，但对优质还重视不够。生产绿色食品有利于提高莲藕产品的品质，有助于增强产品及其加工产品在国际市场的竞争力，进一步增加出口量，为我国莲藕进入国际市场开辟一条广阔的绿色通道。

3. 有利于保护和改善生态环境，也是实现农业可持续发展的必然选择　目前由于过量使用化肥、滥用农药等，已造成农业生态环境的污染。莲藕作为水生蔬菜，在其生产过程中，与农田、水资源等生命支撑系统联系密切。绿色莲藕的生产过程，一方面是对现有生态环境的检测筛选过程，另一方面是对水生蔬菜环境的改善、保护过程，如绿色食品施肥技术和病虫害防治技术等。随着绿色莲藕生产规模的扩大及时间的延续，将对促进生态环境的保护与改善、实现农业可持续发展发挥更大的作用。

4. 促进农业产业结构的调整　随着人民群众生活水平的提高，人们对蔬菜产品的安全问题越来越关注，并成为社会的焦点和热点问题。特别是我国加入世界贸易组织（WTO）后，国际贸易中技术壁垒逐渐增多，对蔬菜产品的质量提出了更高的要求，蔬菜的安全性已经成为影响蔬菜产业发展的重要因素，提高蔬菜安全质量显得尤为迫切。

5. 保障百姓吃上安全的绿色莲藕　民以食为天，食以安为先。保障百姓吃上安全放心的绿色莲藕是政府履行监管职责以维护最广大人民群众根本利益的基本要求，也是坚持以人为本的科学发展观与构建和谐社会的集中体现。发展绿色莲藕是解决水产品质量安全问题的根本措施，对维护公众健康和公共安全具有十分重要的作用。

6. 实现农业生产性收入　持续稳定增加农民收入是我国农业和农村经济工作的重要目标。农业生产性收入的增加是农民增收的基本途径。适应市场需要，发展绿色莲藕，促进优质优价，是实现农业生产性收入增加的有效措施。

7. 推动农业生产方式转变　用现代工业理念谋划农业发展是实现农业高产、优质、高效、安全的重要手段。发展绿色莲藕，既是解决农产品质量安全问题的重要措施，也是推进农业优质化生产、专业化加工、市场化发展的有效途径，更是推动农业生产方式转变、促进农业综合生产能力提高和推进农业增长方式转变的战略选择。

8. 保护环境　绿色莲藕的生产不仅要求生产的水产品是无公害的、安全的，而且要求绿色莲藕在生产过程中不得给环境造成公害，要保护环境，为水产业的可持续发展和现代化建设创造良性的发展环境。

第二章　绿色莲藕生产的环境标准和治理

第一节　绿色莲藕产地的环境标准和治理

绿色莲藕生产应在无污染和生态条件良好的地区进行。产地应远离工矿区和公路、铁路干线，避开工业和城市污染源。在绿色食品和常规生产区域之间，应设置有效的缓冲带或物理屏障，防止绿色食品生产基地受到污染。同时，绿色食品生产基地应具有可持续生产能力。地势要相对平坦或稍洼，土壤肥沃，有机质含量高，保水能力强，靠近湖泊、水库、河流等水源，排灌方便，产地空气、灌溉水、土质符合 NY/T 391—2013《绿色食品　产地环境质量》的要求。对设施莲藕产地而言，还要求设施的结构与性能满足生产的要求，所选用的建筑材料、构件制品及配套机电设备等，不对环境和莲藕造成污染等。

为确保莲藕绿色生产，保证产品质量，保护农业生态环境，在选择生产基地前必须对生产基地及周围的大气、水质、土壤环境质量及污染源进行调查研究，并请专门机构检测和评价，经检测符合生态环境质量标准时，才能确定为绿色莲藕生产地。

一、绿色莲藕产地环境空气质量标准和污染的预防与治理

（一）绿色莲藕产地环境空气质量标准

绿色莲藕产地环境空气质量应符合 NY/T 391—2013《绿色食品　产地环境质量》规定的空气质量标准。

（二）对大气污染的预防与治理

大气污染首先使大气能见度降低，空气混浊；大气中的微粒又使空中多雾、多云、多雨；大气污染还影响辐射平衡的变化，进一步影响地球的气候变化；二氧化碳的积累会引起温室效应，使地球表面温度升高；二氧化硫在空中遇水蒸气变成硫酸雾，

随雨水降落而成酸雨造成土壤酸化。对大气污染的预防与治理可通过以下方法进行。

1. 对大气污染进行监测　对大气进行持久的经常性的及时监测，可有效掌握污染物的种类和污染情况，以便提早采取防治措施。

1）仪器分析和化学分析　由于环境污染因素很多，分析的方法也很多。常用方法有比色法、滴定法、色谱法和原子分光光度法等。

2）生物监测　利用生物污染物的敏感性来测定污染物的含量，把对某种污染物非常敏感的生物叫"指示生物"。

2. 控制污染源　控制污染源是预防大气污染的关键措施，新建工厂要有防除公害的设备。换句话说，绿色生产基地要远离污染源，如排放废水、废气、废渣的工厂。

3. 建造绿色屏障，发挥森林的净化作用　植树造林是防治大气污染的重要措施之一。森林有吸收有毒气体、阻挡尘埃等作用，对环境有很大的净化作用。

二、绿色莲藕产地水质标准和污染的预防处理

（一）绿色莲藕产地水质标准

绿色莲藕产地灌溉水质应符合 NY/T 391—2013《绿色食品　产地环境质量》规定的灌溉水质标准。医药、生物制品、化学试剂、农药、石化、焦化和有机化工等行业的废水（包括处理后的废水），不可作为绿色生产的灌溉用水。

（二）对水质污染的预防与治理

水源一旦污染，就会影响整个绿色栽培的实施。水体污染预防和治理的主要途径是控制污染源和废水处理。控制污染源的方法是减少排污量，建立工厂废水处理系统和城市污水处理系统。污水处理的方法有生物膜法、氧化塘法和活性污泥法。

1. 生物膜法　生物膜是由多种微生物群体所形成的一层黏膜状物，能将污水中的有害物质和有机物分解掉，净化污水。

2. 氧化塘法　是将污水在池塘中停留数天或数十天，水深 0.5 ~ 5 厘米，由于生物的作用使污水净化，可以除去各种有机磷农药 90% 以上，处理生活污水效果较好。

3. 活性污泥法　又称曝气法。活性污泥是一种絮状小泥粒，有很强的吸附和分解有机物的能力。在强力通气下，使有害物质沉淀，净化水质。

三、绿色莲藕产地土壤质量标准和污染的预防处理

（一）绿色莲藕产地环境土壤质量标准

莲藕生长发育所需的大量养分、水分都是从土壤中吸收的，土壤受到污染会影

响莲藕的生长发育，有毒、有害物质进入地下茎及莲子中，人们食用后会危害人体健康。因此，进行莲藕绿色生产，应十分注意产地的土壤质量情况。土壤质量应符合 NY/T 391—2013《绿色食品　产地环境质量》规定的土壤质量要求。

（二）对土壤污染的预防与治理

控制污染源是治理土壤污染的根本措施。污染源有工业排出的“三废”，田间施用的农药和化肥，以及使用污水灌溉等。对策是严格控制工业“三废”的排放，合理使用化肥和农药。科学使用化肥的原则是氮、磷、钾肥和微肥、生物肥料配合施用，不要偏施氮肥。对污水灌溉区要经常化验土壤，严格执行污水灌溉的有关规定，避免重金属等对土壤和莲藕的污染。治理土壤污染一般比较困难，下面介绍几种常用的方法。

1. 翻耕　把污染物质浓度高的土壤上层翻至下层，而把浓度低的土壤下层翻至上层，以此稀释耕层中污染物质的浓度。此法适用于耕层深厚的土地。另外，为使翻上来的新土熟化，还必须施用土壤改良剂或增加施肥量。

2. 客土和换土　客土系指在现有的污染土上覆盖一层从其他地方运来的无污染的土壤。客土的厚度一般为 10 ~ 25 厘米。换土系指将受到污染的耕层挖除，再添入未污染土壤。

3. 施用改良剂或抑制剂　了解污染物质是某种重金属后，可以根据其特性和在土壤中的变化，施用相应的改良剂或抑制剂以减少作物吸收该元素。

4. 增施有机肥或绿肥　此法可以增加土壤容重，改善土壤微生物活性，分解污染物质。

5. 改变耕作制度　旱田中滴滴涕、六六六降解速度很慢，改水田后，降解速度加快，经过 1 年即可基本降解掉。

6. 生物措施　通过生物降解或植物吸收可以净化土壤。如蚯蚓能降解土壤中的农药及废弃物，某些植物能吸收土壤中的镉，红酵母能降解剧毒的聚氯联苯。

第二节　肥料的科学使用及无害化处理

莲藕生产质量管理规范的重要内容就是在莲藕种植过程中的绿色化，提倡使用生态肥料，以保护环境，使莲藕生产与生态环境协调发展。

化肥施用过量，特别是氮素化肥的施用过量是目前莲藕污染的主要原因之一，防止莲藕污染的一项重要措施就是大力推广科学施肥技术。首先，要多施生态肥料，防止化肥过量施用。多施经充分腐熟的有机肥，能调节土壤中各营养成分的比例使其协调，可降低莲藕中硝酸盐的含量。其次，要提倡平衡配方施肥，防止施用单一化肥，尤其是单一氮素化肥和限量元素肥料的过量施用。根据土壤中的营养成分，了解不同莲藕生长发育所需营养元素的量，再合理地补充有机肥和化肥或微量元素肥料，这样就不会因土壤中某一种营养元素的过量而导致莲藕受污染。

莲藕中有毒物质的含量，特别是硝酸盐含量，与所施用的肥料种类密切相关，其含量由高到低的顺序是：化肥→沤肥→高温堆肥→生物菌肥。化肥中的硝态氮肥可使莲藕中硝酸盐含量大幅度提高。应限制化肥，特别是硝态氮肥的施用。

生态肥料具有缓释性、持效性、无残留和无污染的特点；养分全面均衡，按比例逐步释放；能提高莲藕品质，改善外观；不破坏土壤物理化学结构，不板结土壤，能提高土壤有机质含量，保持土壤最佳的养分动态平衡，培肥土壤，使得土壤保水、保肥和透气性能得到改善，过滤和降解土壤中的有毒有害物质；有利于土壤微生物的生存繁衍，促使土壤微生态良性循环等。生态肥料主要有农家肥、菌肥、叶面肥、饼肥、腐殖酸类肥料、动物性杂肥、沼气发酵残渣以及发酵工业废渣等。

一、绿色莲藕生产允许使用的肥料种类

根据 NY/T 394—2013《绿色食品　肥料使用准则》，在绿色莲藕生产中，允许使用的肥料种类主要有：

（一）农家肥

1. 粪肥　粪肥是一种天然、优质、高效的有机生态肥料，来源方便、丰富，既能均衡供应养分，又能改良土壤结构，提高莲藕品质，不污染环境，包括人畜粪尿、厩肥和土杂肥等。使用前一定要沤烂，充分腐熟，最好做高温堆肥以杀灭各类病原菌，使用更安全。应大力提倡高温堆肥，因为在堆制过程中，物料发酵能使温度达55～70℃，持续达10～15天，可杀死废弃物中的病原微生物、虫卵及杂草种子等。

2. 绿肥　如作物秸秆肥料，可使土壤的保肥透水性加强，耕作性变好，加速土壤熟化，减少土壤养分损失，在贫瘠土壤、盐碱土上施绿肥，效果更加明显。为加速绿肥分解，提高肥效，可事先进行堆制或沤制。应注意控制施用量，提高耕种质量或提前进行堆制、沤制后再使用。

3. 沼气肥　即沼气发酵肥，是指作物秸秆与人粪尿等有机物，在沼气中经过厌气发酵制取沼气后形成的肥料。原材料中的氮、磷、钾等营养元素，除氮素有一定损失外，大部分养分仍保留在发酵肥中。

4. 饼肥　饼肥是一种肥效高、长效的有机肥，适用于各种土壤和植物。生产中多用在经济价值较高的植物上，如莲藕，可作基肥或追肥，用前尽量粉碎。未发酵腐熟的饼肥应避免与种子直接接触，否则影响发芽。

（二）无机肥

无机肥：矿物氮肥、钾肥、磷肥（磷矿粉）、石灰石；按土壤肥料与农业技术部门指导的优化配方施肥技术方案配置的氮肥（包括碳酸氢铵、硫酸铵）、磷肥（包括磷酸二铵、过磷酸钙、钙镁磷肥）、钾肥和其他符合要求的无机复合肥。

微量元素肥料：以铜、锌、铁、锰、硼、钼等微量元素及有益元素为主配制的肥料。

中量元素肥料：以钙、镁、硫、硅等中量元素为主配制的肥料。

（三）复合肥料

复合肥料：以上述肥料中的 2 种或 2 种以上，按科学配方配置而成的有机和无机复合肥料。

（四）生物菌肥

生物菌肥即微生物肥料，是含大量活性有益微生物个体的生物肥料。包括腐殖酸类肥料、根瘤菌肥料、磷细菌肥料、复合微生物肥料等。生物菌肥一般由多功能复合肥菌体和工农业生产中含氮、碳的有机废弃物配制而成，主要依靠微生物的缓慢分解作用，发挥其肥效，有效减少莲藕中硝酸的含量，改善莲藕品质。菌肥在应用时不能与抗生素混合使用，可作基肥、种肥等。菌肥主要有以下品种：

1. 复合菌肥　含有几种甚至几十种有益微生物的混合物肥料，能适应不同地区、气候、土壤条件，扩大和提高菌肥效果。凡是没有生物拮抗作用的菌肥都可组成复合菌肥使用，如五四〇六菌、增产菌等。在实际应用时，还应适当与其他肥料搭配使用，特别是与其他有机肥料搭配，才能取得好的效果。

2. 抗生菌肥料　指含有活性抗菌微生物，同时能促进土壤中养分转化的微生物制剂。如五四〇六菌肥，使植物增产 10%～25%，可作基肥或追肥，浸种与蘸根等方法均可，也可与其他有机肥堆制发酵或与菌肥混合使用，以提高肥效。

3. 根瘤菌剂　大多数豆科植物的根上都长有根瘤，瘤内长有根瘤菌能固定大气中的氮素营养。施用根瘤菌剂是为了增加土壤的根瘤菌量，使每棵豆科药用植物的根都能受根瘤菌的侵染，而形成根瘤，并大量固定空气中的氮素，营养自己。但应该注意，根瘤菌都有一定的专一性，不能乱用。随便乱用不会产生根瘤。因豆科的药用植物很多，它们的根瘤菌各不相同。所以，使用时应先看菌剂说明书，选择相应的根瘤种族才能奏效。

（五）叶面肥

叶面肥种类多，大多为无机肥，少量是有机肥，如氨基酸、腐殖酸等，能起到植物根系施肥所起不到的作用。包括微量元素肥料，即以铜、铁、硼、锌、锰、钼等微量元素及有益元素为主配制的肥料。使用时要严格控制浓度，以免灼伤叶片，通常浓度在0.001%～1%。在植物生长需肥高峰期和最大生长期或缺素状态下使用，且要连续喷施几次，可以与其他农药同时喷洒。

（六）其他肥料

如骨粉、氨基酸残渣、糖厂废料等。

二、绿色莲藕生产的施肥原则

1. 持续发展原则　绿色莲藕生产中所使用的肥料应对环境无不良影响，有利于保护生态环境，保持或提高土壤肥力及土壤生物活性。

2. 安全优质原则　绿色莲藕生产中应使用安全、优质的肥料产品，生产安全、优质的绿色食品。肥料的使用应对作物（营养、味道、品质和植物抗性）不产生不良后果。

3. 化肥减控原则　在保障植物营养有效供给基础上减少化肥用量，兼顾元素之间的比例平衡，无机氮素用量不得高于当季作物需求量的一半。

4. 有机为主原则　绿色莲藕生产过程中肥料种类的选取应以农家肥、有机肥、微生物肥为主，化肥为辅。

三、AA级绿色莲藕生产可使用的肥料种类与规定

1. 可使用的肥料种类　AA级绿色莲藕生产过程可使用农家肥（包括秸秆肥、绿肥、厩肥、堆肥、沤肥、沼肥、饼肥等）、有机肥、微生物肥。

2. 使用规定　①不应使用化学合成肥料。②可使用农家肥，但肥料的重金属限量指标应符合NY 525—2012《有机肥料》的要求，粪大肠杆菌数、蛔虫卵死亡率应符合NY 884—2012《生物有机肥》的要求，宜使用秸秆和绿肥，配合使用具有生物固氮、腐熟秸秆等功效的微生物肥料。③有机肥料应达到NY 525—2012《有机肥料》技术指标，主要以基肥施入，用量视地力和目标产量而定，可配施农家肥和微生物肥。④微生物肥应符合GB 20287—2006《农用微生物菌剂》或NY 884—2012《生物有机肥》或NY/T 798—2004《复合微生物肥料》的要求，可与农家肥、有机肥配合使用，用于拌种、基肥或追肥。⑤无土栽培可使用农家肥、有机肥和微生物肥，掺混在基

质中使用。

四、A级绿色莲藕生产可使用的肥料种类与规定

1. 可使用的肥料种类　除AA级绿色莲藕生产过程可使用的肥料种类外，还可使用有机—无机复混肥料、无机肥料和土壤调理剂。

2. 使用规定　①农家肥料的使用按AA级绿色使用规定第2条执行。在耕作制度允许的情况下，宜利用秸秆和绿肥，按照约25∶1的比例补充化学氮素。厩肥、堆肥、沤肥、沼肥、饼肥等农家肥应完全腐熟，肥料的重金属限量指标应符合NY 525—2012《有机肥料》的要求。②有机肥料的使用按AA级绿色使用规定第3条执行，可以配施A级绿色莲藕生产过程可使用的肥料种类。③微生物肥料的使用按AA级绿色莲藕使用规定第4条执行，可以配施A级绿色莲藕生产可使用的肥料种类。④有机—无机复混肥料、无机肥料在绿色莲藕生产中作为辅助肥料使用，用来补充农家肥、有机肥、微生物肥所含养分的不足。减控化肥用量，其中无机氮素用量按本地同种作物习惯施肥用量减半使用。⑤根据土壤障碍因素，可选用土壤调节剂改良土壤。

第三节　农药的科学使用与管理

莲藕病虫害的绿色防治并非不施用化学农药，化学农药是防治病虫害的有效手段，特别是病害流行、虫害暴发时更是有效的防治措施，关键是如何科学地加以使用，既要防治病虫危害，又要减少污染，使上市莲藕中的农药残留量控制在允许的范围内。合理使用农药，包括对症下药，采取合理施药技术等，同时也包括采用高效、低毒、低残留农药。

一、绿色莲藕生产农药选用与使用规范

绿色莲藕生产使用的农药应符合NY/T 393—2013《绿色食品　农药使用准则》的规定要求。

1. 农药选用　①所选择的农药应符合相关的法律法规，并获得国家农药登记许可证。②应选择对防治对象有效的低风险农药品种，提倡兼治和不同作用机制农药交替使用。③宜选用悬浮剂、微囊悬浮剂、水剂、水乳剂、微乳剂、颗粒剂、水分散粒剂和可溶性粒剂等环境友好型农药剂型。④A级绿色生产和AA级绿色生产可根据规定分别选取使用。

2. 使用规范　①应在防治适期，根据有害生物的发生特点和农药特性，选择适当的施药方式，但不宜采取喷粉等风险较大的施药方式。②应按照农药产品标签的规定使用农药，控制施药剂量（或浓度）、施药次数和安全间隔期。

3. 绿色农药残留要求　①绿色生产中允许使用的农药，其残留量应不低于 GB 2763—2016 的要求。②在环境中长期残留的国家明令禁用农药，其残留量应符合 GB 2763—2016 的要求。③其他农药的残留量应不超过 0.01 毫克 / 千克，并符合 GB 2763—2016 的要求。

二、农药的合理使用

近些年，莲藕面积不断扩大，单一农药滥用，使莲藕病虫危害呈上升趋势，代数重叠危害的时间延长，病虫的抗药性增强。生产中，种植者随意加大农药使用浓度，不按安全间隔期采收，造成莲藕中农药残留量超标。

解决农药残留问题，我国已经多次制定并发布了《农药合理使用准则》国家标准。准则中详细规定了各种农药在不同作物使用时期、使用方法、使用次数、安全间隔期等技术指标。合理使用农药，可以有效地控制病虫草害，减少农药的使用，避免农药残留超标。

1. 确定防治对象，了解危害习性　在正确鉴别莲藕发生危害的病、虫、草种类的基础上，选择合适的农药，采取相应的措施，防治其危害。

2. 使用质量合格的农药　农药质量的好坏直接影响到使用后的药效。农药使用前，应查看农药包装上的标签是否完好，是否有“三证”号（农药登记证、生产许可证或生产批准证、执行标准证号）、生产日期和保质期。不要使用无标签或标签不清楚、无“三证”、过期的农药。

3. 对症下药，适时均匀施药　根据莲藕病、虫、草害发生的种类，对症下药，施用相应的农药品种。除了选择对路的农药品种外，还要适时施药。在施用农药时应根据防治对象的种类、生育期、发生量以及环境条件来决定用药量。不同的虫龄和杂草叶龄对农药的敏感性有差异，防治敏感的对象用药量少，防治有耐药性的对象用药量大；适宜的农药使用量还会受到环境条件的影响，如为了取得相同的药效，土壤处理除草剂在土表干燥、有机质含量高的土壤里使用量就要比在湿润、有机质含量低的土壤使用量高。除了选择对路的农药品种和适时施药外，还必须均匀施药，才能保证药效。

4. 合理轮换用药和混用施药　长期单一施用某一种农药，容易引起病、虫、草产生抗药性，或杂草种类发生变化，使农药的药效下降。所以，应合理轮换作用机制不同的药剂防治或延缓病、虫、草抗药性的产生和杂草群落的改变，以提高农药的使用效果。合理混用农药可提高药效，降低用药量，避免作物药害。

5. 选择适当的施药方法　应根据农药的性质、防治对象和环境条件选择适合的施药方法。如防治地下害虫，可用拌种或制成毒土进行穴施或条施；又如，甲草胺只能用来进行土壤处理，不能做茎叶喷雾；而草甘膦只能用来进行茎叶喷雾，不能做土壤处理。

常用的施药方法有喷雾法、喷粉法、撒施法、泼浇法、熏蒸法等。

6. 综合防治　在防治病、虫、草害时，不能只依赖农药。长期大量施用农药会杀伤自然天敌，破坏生态平衡，导致病、虫、草抗药性的产生，使得病、虫、草变得更难防治，危害加重。应结合当地的实际情况，把化学防治和物理防治、栽培措施、耕作制度、生物防治等有机结合起来，创造不利于病、虫、草害而有利于天敌繁衍的环境条件，保持农业生态系统平衡和生物多样性。

三、农药的使用管理

（一）对绿色莲藕基地用药实施监督管理

莲藕产品的农药残留控制主要取决于农药使用管理的成效。绿色莲藕基地应建立农药田间使用档案，所使用的农药必须符合国家的“三证”要求。

（二）绿色农药安全使用规定

1. 严禁使用农药的种类（表 2-1）

表2-1　严禁使用农药的种类

农药种类	农药名称	禁用原因
无机砷杀虫剂	砷酸钙、砷酸铅	高毒
有机砷杀菌剂	甲基胂酸锌、甲基胂酸铁铵（田安）、福美甲胂、福美胂	高残留
有机锡杀菌剂	薯瘟锡（三苯基醋酸锡）、三苯基氯化锡、毒菌锡、氯化锡	高残留、致畸
有机汞杀菌剂	氯化乙基汞（西力生）、醋酸苯汞（赛力散）	剧毒、高残留
有机杂环类	敌枯双	致畸
有机氟及氟制剂	氟化钙、氟化钠、氟乙酸钠、氟乙酰胺、氟铝酸钠、氟硅酸钠	剧毒、高毒、易药害

续表

农药种类	农药名称	禁用原因
有机氯杀虫剂	滴滴涕、六六六、林丹、艾氏剂、狄氏剂、五氯酚钠、氯丹	高残留
有机氯杀螨剂	三氯杀螨醇	高残留
卤代烷类熏蒸杀虫剂	二溴乙烷、二溴氯丙烷	致癌、致畸、致突变
有机磷杀虫剂	甲拌磷、乙拌磷、久效磷、对硫磷、甲基对硫磷、甲胺磷、氧化乐果、治螟磷、蝇毒磷、水胺硫磷、磷胺、内吸磷、甲基异柳磷、苯线磷、特丁硫磷、甲基硫环磷	剧毒、高毒
有机磷杀菌剂	稻瘟净、异稻瘟净	异臭味
氨基甲酸酯杀虫剂	克百威（呋喃丹）、涕灭威、灭多威（万灵）	高毒
二甲基甲脒类杀虫杀螨剂	杀虫脒	慢性毒性、致癌
有机氮杀菌剂	双胍辛胺	高毒

2. 推荐使用的种类

1）杀虫、杀螨剂

（1）生物制剂和天然物质　苏云金杆菌、甜菜夜蛾核多角体病毒、银纹夜蛾核多角体病毒、小菜蛾颗粒体病菌毒、小菜蛾颗粒体病毒、茶尺蠖核多角体病毒、棉铃虫核多角体病毒、苦参碱、印楝素、烟碱、鱼藤酮、苦皮藤素、阿维菌素、春雷霉素、浏阳霉素、白僵菌、除虫菊素等。

（2）合成制剂

菊酯类：氟氯氰菊酯、氯氟氰菊酯、氯氰菊酯、联苯菊酯、甲氰菊酯。

氨基甲酸酯类：抗蚜威、异丙威、速灭威。

有机磷类：辛硫磷类、敌百虫、丙溴磷、二嗪磷。

昆虫生长调节剂：灭幼脲、氟啶虫酰胺、氟铃脲、氟虫脲、除虫脲、噻嗪酮。

专用杀螨剂：四螨嗪、唑螨酯、三唑锡、炔螨特、噻螨酮、苯丁锡。

其他：毒死蜱、甲胺基阿维菌素、啶虫脒、吡虫啉、灭蝇胺、氟虫腈、溴虫腈。

2）杀菌剂

（1）无机杀菌剂　碱式硫酸铜、王铜、氢氧化铜。

（2）合成杀菌剂　代森锌、代森锰锌、乙膦铝、多菌灵、甲基硫菌灵、噻菌灵、百菌清、三唑醇、烯唑醇、戊唑醇、己唑醇、腈菌唑、乙霉威·硫菌灵、腐霉利、异菌脲、霜霉威、烯酰吗啉·锰锌、霜脲氰·锰锌、嘧霉胺、氟吗啉、盐酸吗啉胍、噁霉灵、噻菌铜、咪鲜胺、咪鲜胺锰盐、抑霉唑、氨基寡糖素、甲霜灵·锰锌、亚胺唑、春·王铜、噁唑烷酮·锰锌、脂肪酸铜、松脂酸铜、腈嘧菌酯。

（3）生物制剂　井冈霉素、农抗 120、春雷霉素、多抗霉素、宁南霉素、农用链霉素。

（三）农药施药安全间隔期

农药施药后不能马上采收或收割，应按国家农药安全使用规定，各种农药品种的安全间隔期（见表 2–2），在距收获前一定的天数内停止用药，以免造成人、畜中毒或加大农药在农产品中的残留量。

表2–2　莲藕田常用农药安全间隔期

农药名称	含量及剂型	防治对象	使用量	安全间隔期（天）
阿维菌素	1.8% 乳油	蛾虫、斜纹夜蛾	100 毫升 / 亩	7
毒死蜱	48% 乳油	斜纹夜蛾	100 毫升 / 亩	30
噻虫嗪	25% 水分散粒剂	蓟马	10 克 / 亩	28
吡虫啉	10% 可湿性粉剂	蚜虫	20 克 / 亩	14
多菌灵	50% 可湿性粉剂	腐败病	50 克 / 亩	30
嘧菌酯	25% 悬浮剂	褐斑病	60 克 / 亩	21

第三章　绿色莲藕质量标准与质量认证

第一节　绿色莲藕质量标准

质量标准是评价产品质量的技术依据，也是组织产品生产、加工、质量检验、分等定价、选购验收、洽谈贸易的技术准则。

一、绿色莲藕及其制品的质量安全标准

（一）感官标准与理化指标

1. 感官标准　按照中华人民共和国农业行业标准 NY/T 1044—2007《绿色食品　藕及其制品》规定，绿色莲藕在感官上应符合以下要求：藕应具有该品种应有的形态、色泽等特征，整齐度较好，无支茎，藕节无须根，藕表及空腔无泥痕及其他污染物，藕体色泽均匀一致，藕表面光滑、硬实、无皱缩、无虫斑、无明显损伤、无冻伤和斑疤；藕粉色泽、外观应均匀一致，具有与产品相适应的滋味和气味；无异味、霉变和杂质。

2. 理化指标　按照中华人民共和国农业行业标准 NY/T 1044—2007《绿色食品　藕及其制品》规定，藕的理化指标应符合如下规定：可溶性糖（以干基计，克 /100 克）大于或等于 2.0（鲜食），藕粉（以干基计，克 /100 克）大于或等于 55。藕粉的理化指标应符合相应标准要求，若有分级则按所执行的相应标准的一级品的规定执行。

（二）卫生指标

1. 藕的卫生指标　根据中华人民共和国农业行业标准 NY/T 1044—2007《绿色食品　藕及其制品》确定的藕及其制品的卫生指标执行。

2. 藕粉的卫生指标　根据中华人民共和国农业行业标准 NY/T 1044—2007《绿色食品　藕及其制品》确定的藕粉的卫生指标执行。

（三）莲藕及其制品的试验方法

按照中华人民共和国农业行业标准 NY/T 1044—2007《绿色食品　藕及其制品》规定，绿色莲藕及其制品的试验方法如下：

1. 感官标准　取 1 000 克藕样品，用目测法检验其形态、色泽、新鲜度、整齐度、清洁程度、支茎、须根、病虫斑、冻伤和斑疮、损伤斑痕等项目。

取藕粉样品 200 克于白瓷盘内，外观、色泽、杂质等用目测法检验。气味的检测用嗅的方法。

2. 理化指标　可溶性糖按 GB /T 6194—1986 的规定执行，淀粉按 GB/T 5009.9—2008 的规定执行。

3. 净含量　按 JJF1070 的规定执行。

4. 卫生指标　无机砷按 GB/T 5009.11—2014 规定执行，铅按 GB/T 5009.12—2017 规定执行，镉按 GB/T 5009.15—2014 规定执行，总汞按 GB/T 5009.17—2014 规定执行，氟按 GB/T 5009.18—2003 规定执行，六六六、滴滴涕、乐果、毒死蜱、三唑酮按 NY/T 761—2008 规定执行，多菌灵按 GB/T 5009.188—2003 规定执行，菌落总数按 GB/T 4789.2—2016 的规定执行，大肠杆菌按 GB/T 4789.3—2016 的规定执行，致病菌（沙门菌、志贺菌、金黄色葡萄球菌、溶血性链球菌）按 GB/T 4789.4—2016、GB/T 4789.5—2012、GB/T 4789.10—2016、GB/T 4789.11—2014 的规定执行。

二、莲子的质量安全标准

1. 感官标准　根据 NY/T 1405—2015《绿色食品　水生蔬菜》的规定，绿色食品水生蔬菜（包括莲子）在感官上应符合以下要求：样品大小基本均匀一致，新鲜、清洁、异味、冻害、病虫害、机械伤和腐烂等指标按质量计算的总不合格率不高于 5%，其中，腐烂、病虫害为严重缺陷，其单项指标不合格率应小于 2%。

2. 卫生指标　根据 NY/T 1405—2015《绿色食品　水生蔬菜》的规定，绿色食品水生蔬菜（包括莲子）的卫生指标应符合以下要求：

表3–1　绿色食品水生蔬菜（包括莲子）安全指标　（单位：毫克 / 千克）

项目	指标
乐果	≤ 0.01
敌敌畏	≤ 0.01
溴氰菊酯	≤ 0.01
氰戊菊酯	≤ 0.01
百菌清	≤ 0.01

续表

项目	指标
氯氰菊酯	≤ 0.01
阿维菌素	≤ 0.01
毒死蜱	≤ 0.1
三唑酮	≤ 0.01
多菌灵	≤ 0.01
辛硫磷	≤ 0.01
氟（以 F 计）	≤ 1
铅（以 Pb 计）	≤ 0.1
汞（以 Hg 计）	≤ 0.01
镉（以 Cd 计）	≤ 0.05
总砷（以 As 计）	≤ 0.5
铬（以 Cr 计）	≤ 0.5

注：其他有毒有害物质的指标应符合国家法律法规、行政规章和强制性标准的规定。

第二节 绿色莲藕（鲜藕）产地认证和产品认证

一、绿色食品（鲜藕）生产基地认证

（一）申报材料提供

1.《绿色食品（鲜藕）基地申请书》

2. 绿色食品（鲜藕）委托机构的考察报告

3. 绿色食品（鲜藕）生产操作规程

4. 基地示意图

5. 已获得绿色食品（鲜藕）标志的产品证书复印件

6. 基地设施的绿色食品（鲜藕）管理机构及组成人员名单

7. 基地内直接从事绿色食品（鲜藕）生产管理、技术人员名单及培训合格证

8. 基地环境检测报告

（二）认证申报程序

1. 提出申请　申请者应向中国绿色食品发展中心委托机构提出申请，并填写《绿色食品（鲜藕）基地申请书》。

2. 组织培训　申请者组织本单位直接从事绿色食品（鲜藕）管理、生产的人员参加培训，并经上级机构考核、确认。

3. 接受委托机构考察　中国绿色食品发展中心委托机构派专职人员赴申报单位

进行实地考察。考核的内容包括生产规模、管理、环境及质量控制情况等，并写出考察报告呈报中国绿色食品发展中心审核。

4. 接受中国绿色食品发展中心考察　中国绿色食品发展中心接到审核材料后，将根据需要派专人赴申报材料合格的单位进行实地考察。

5. 签订《绿色食品（鲜藕）基地协议书》　各方面条件符合绿色食品基地标准时，中国绿色食品发展中心将与之签订《绿色食品（鲜藕）基地协议书》，并向申报人发《绿色食品（鲜藕）基地建设通知书》。

6. 实施基地建设细则，领取证书和名牌　申请人应按照基地实施细则的要求，建立完整的管理体系、生产服务体系和制度。实施1年后，中国绿色食品发展中心和其委托管理机构监督员进行评估和确认。对符合要求的发给正式的绿色食品（鲜藕）基地证书和名牌，同时公告于众。对不符合者，适当延长建设时间。

7. 基地期满重新申请　绿色食品（鲜藕）基地自批准之日起3年有效。期满要求继续作为“绿色食品（鲜藕）基地”的，应在有效期满前90天内重新提出申请，否则视为主动放弃“绿色食品（鲜藕）基地”名称。

二、绿色食品（鲜藕）产品认证

（一）绿色食品（鲜藕）认证申请人及申请认证产品条件

1. 申请人条件　申请人必须是企业法人，社会团体、民间组织、政府和行政机构等不可作为绿色食品的申请人。同时，还要求申请人具备以下条件：①具备绿色食品生产的环境条件和技术条件。②生产具备一定规模，具有较完善的质量管理体系和较强的抗风险能力。③加工企业须生产经营一年以上方可受理申请。

有下列情况之一者，不能作为申请人：①与中国绿色食品发展中心和省绿色食品办公室有经济或其他利益关系的。②可能引起消费者对产品来源产生误解或不信任的，如批发市场、粮库等。纯属商业经营的企业（如百货大楼、超市等）。

2. 申请认证产品条件　①按国家商标类别划分的第5、29、30、31、32、33类中的大多数产品均可申请认证。②以“食”或“健”字登记的新开发产品可以申请认证。③经卫生部公告既是药品也是食品的产品可以申请认证。④暂不受理油炸方便面、叶菜类酱菜（盐渍品）、火腿肠及作用机制不甚清楚的产品（如减肥茶）的申请。⑤绿色食品拒绝转基因技术。由转基因原料生产（饲养）加工的任何产品均不受理。

（二）绿色食品（鲜藕）认证程序

凡具有绿色食品生产条件的国内企业均可按本程序申请绿色食品认证。境外企业另行规定。

1. 认证申请

●申请人向中国绿色食品发展中心（以下简称中心）及其所在省（自治区、直辖市）绿色食品办公室（以下简称省绿办）、绿色食品发展中心领取《绿色食品标志使用申请书》、《企业及生产情况调查表》及有关资料，或从中心网站（网址：www.greenfood.org.cn）下载。

●申请人填写并向所在省绿办递交《绿色食品标志使用申请书》、《企业及生产情况调查表》及以下材料：①保证执行绿色食品标准和规范的声明。②生产操作规程（种植规程、养殖规程、加工规程）。③公司对“基地 + 农户”的质量控制体系（包括合同、基地图、基地和农户清单、管理制度）。④产品执行标准。⑤产品注册商标文本（复印件）。⑥企业营业执照（复印件）。⑦企业质量管理手册。⑧要求提供的其他材料（通过体系认证的，附证书复印件）。

2. 受理及文审

●省绿办收到上述申请材料后，进行登记、编号，5 个工作日内完成对申请认证材料的审查工作，并向申请人发出《文审意见通知单》，同时抄送中心认证处。

●申请认证材料不齐全的，要求申请人收到《文审意见通知单》后 10 个工作日提交补充材料。

●申请认证材料不合格的，通知申请人本生长周期不再受理其申请。

●申请认证材料合格的，执行第 3 条。

3. 现场检查、产品抽样

●省绿办应在《文审意见通知单》中明确现场检查计划，并在计划得到申请人确认后委派 2 名或 2 名以上检查员进行现场检查。

●检查员根据《绿色食品　检查员工作手册》和现场检查计划要求，按现场检查表中检查项目进行逐项检查。每位检查员单独填写现场检查表和现场检查意见。现场检查工作在 3 个工作日内完成，现场检查后 2 个工作日内向省绿办递交现场检查评估报告。

●现场检查合格，当时可以抽到适抽产品的，检查员依据《绿色食品　产品抽样技术规范》进行产品抽样，并填写《绿色食品产品抽样单》，同时将抽样单抄送中心认证处。特殊产品（如动物性产品等）另行规定。

●现场检查合格，无适抽产品的，检查员与申请人当场确定抽样计划，同时将抽样计划抄送中心认证处。

●现场检查不合格，省绿办书面通知申请人，认证结论按不通过处理，同时抄送中心认证处。本生产周期不再受理其申请。

●申请人将样品、产品执行标准、《绿色食品产品抽样单》、检测费寄送绿色食品定点产品监测机构。

4. 环境监测

●省绿办自收到检查员检查报告后2个工作日内给绿色食品定点环境监测机构下发《绿色食品环境质量现状调查任务通知书》。绿色食品定点环境监测机构在收到"通知书"后2个工作日内派调查组对申请认证产品产地环境质量进行调查。调查在3个工作日内完成，调查后5个工作日内向省绿办递交调查报告。

●经调查确认，产地环境质量符合《绿色食品　产地环境质量现状调查技术规范》规定的免测条件，免做环境监测。

●根据《绿色食品　产地环境质量现状调查技术规范》的有关规定，经调查确认，必须进行环境监测的，省绿办自收到调查报告2个工作日内以书面形式通知绿色食品定点环境监测机构进行环境监测，同时将通知单抄送中心认证处。

●定点环境监测机构收到通知单后，40个工作日内出具环境监测报告和环境质量现状评价报告，连同填写的《绿色食品环境质量现状调查及监测情况表》，报送中心认证处，同时抄送省绿办。

5. 产品检测

绿色食品定点产品监测机构自收到样品、产品执行标准、《绿色食品产品抽样单》、检测费后，20个工作日内完成检测工作，出具产品检测报告，连同填写的《绿色食品产品检测情况表》，报送中心认证处，同时抄送省绿办。

6. 认证审核

●省绿办自收到检查员现场检查评估报告后3个工作日内签署审查意见，并将认证申请材料、检查员现场检查评估报告及《省绿办绿色食品认证情况表》报中心认证处。

●中心认证处收到省绿办报送材料、产地环境质量现状调查报告、环境监测及环境质量现状评价报告、产品检测报告及申请人直接寄送的《申请绿色食品认证基本情况调查表》后，进行登记、编号，在收到最后一份材料后2个工作日内下发受理通知书，书面通知申请人，并抄送省绿办。

●中心认证处组织审查人员及有关专家对上述材料进行审核，20个工作日内做出审核结论。

●审核结论为“有疑问，需现场检查”的，中心认证处在2个工作日内完成现场检查计划，书面通知申请人，并抄送省绿办。得到申请人确认后，5个工作日内派检查员再次进行现场检查。

●审核结论为“材料不完整或需要补充说明”的，中心认证处向申请人发送《绿色食品认证审核通知单》，同时抄送省绿办。申请人需在20个工作日内将补充材料报送中心认证处，并抄送省绿办。

●审核结论为合格或不合格的，中心认证处将认证材料、认证审核意见报送绿色食品评审委员会。

7. 认证评审

●绿色食品评审委员会自收到认证材料、认证处审核意见后10个工作日内进行全面评审，并做出认证终审结论。

●认证终审结论分为两种情况：认证合格或认证不合格。

●结论为“认证合格”，执行第8条。

●结论为“认证不合格”，评审委员会秘书处在做出终审结论2个工作日内，将《认证结论通知单》发送申请人，并抄送省绿办。本生产周期不再受理其申请。

8. 颁证

●中心在5个工作日内将办证的有关文件寄送“认证合格”申请人，并抄送省绿办。申请人在60个工作日内与中心签订《绿色食品标志商标使用许可合同》。

●中心主任签发证书，领取有效期为3年的绿色食品证书。

第四章　沙地莲藕高产栽培技术

第一节　莲藕的生物学特性

一、莲藕的植物学特征

莲藕属睡莲科，莲属。它是一种双子叶植物，但具有单子叶植物的某些性状，其主要反映在它的形态特征上。它的两枚基部合生的子叶，两片互生的先出叶，二歧分枝式叶脉，实生苗“之”字形直立的茎轴和 1/2 的互生叶序等结构都反映出古老的双子叶植物的原始性状。而莲藕的主根退化，由不定根组成根系；根状茎中维管束呈星散状排列；胚芽被有鳞片卷成筒形的幼叶等，这些又都反映出单子叶植物的某些性状。

1. 根　莲藕的根有两种，一种是主根，另一种是不定根。主根是莲子播种后，由种子的胚根所形成的，但主根不发达。在生长过程中起作用的是不定根。不定根呈须状，能不断更新，成束地环生在地下茎节的四周，见图 4–1。一般每个茎节上都有 5 ~ 8 束不定根，每束具不定根 7 ~ 21 条，总数有 130 ~ 180 条，每条根长 8 ~ 14 厘米。在不定根上密生许多侧根。在生长时期根呈白色或淡紫红色，而藕成熟后根为黑褐色。根主要起吸收水分、养料和固定、支持植株等作用。

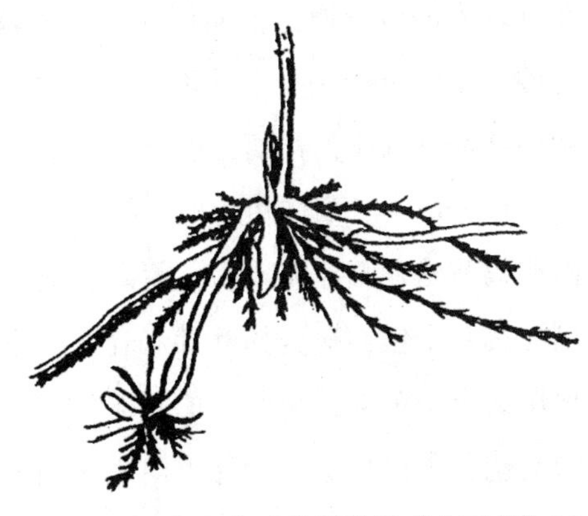
图4–1　地下茎节（仿倪学明《中国莲》）

2. 茎　莲藕的茎为根状地下茎，在土中横生分支蔓延，生长前期为“走茎”或“莲鞭”；生长后期，其莲鞭前端数节明显膨大变粗而成为藕。莲藕的茎根据其生长的最终形态可分为匍匐茎和根状茎。匍匐茎称为莲鞭或藕鞭，而肥大的根状茎即是藕。

1）莲鞭　种藕在一定条件下，自上年形成的芽鞘内的混合芽萌发伸长，条形似鞭，故称莲鞭。莲鞭上有节，自节处发根和抽生分枝，并向上长叶和抽生花梗。莲鞭的节间细而长，白色，横截面圆形或椭圆形。

宿莲田就地生长的种藕抽生的莲鞭，先向上近地面生长，然后横走土中。人工排栽的种藕，莲鞭先向下生长，达一定深度后，再横走土中。莲鞭一般深入土层10 ~ 30厘米处匍匐生长。气候温暖和生长前期多在浅土层生长，而气候较冷凉和结藕前期则向深土层生长。莲鞭的各节均有叶芽，且生长至一定节数后还分化出花芽，而在节上环生须根。莲鞭的分枝能力很强，自第3节起，每节都可抽生分枝（侧鞭），而侧鞭的节上又能再生分枝。莲鞭还具有一定的“钻透力”，故在莲鞭靠近田埂时，必须将其生长方向转向藕田，以免在田外结藕。根据试验观察，最初抽生的一节莲鞭，其节间仅12 ~ 15厘米，以后各节间越来越长，至第9节左右最长，为75 ~ 80厘米。第9节以前入土深度一般为10 ~ 20厘米，横径1.5 ~ 2厘米；第9节以后，莲鞭节间又逐渐缩短。10节以后结藕，藕头向深处生长，深可达30厘米以上。

2）藕　莲鞭在抽生初期节间较短，以后逐渐延长，到结藕期节间又缩短，先端的几个节间积累养分，形成短缩肥大的根状茎，即为藕。莲鞭一般多在10 ~ 13节开始膨大而形成新藕，也有在20节左右才形成新藕的。新藕也称母藕、主藕或亲藕。在母藕节上抽生肥大的一次分枝，又称为子藕。在气候适宜的条件下，子藕节上还可抽生一次分枝，即是孙藕。在一枝母藕上着生子藕和孙藕齐全的藕，称为全藕或整藕。当肥水充足、环境适宜时，子藕和孙藕的数量多，单产就高。母藕的节数因品种、植株的长势及环境条件不同而不同。一般早熟品种，母藕有4 ~ 5节，藕枝粗圆而短；中晚熟品种，母藕一般有3 ~ 4节，藕枝长。母藕上子藕的节数按其着生在母藕上的位置而定，而任何一个子藕要比其母藕的节数少一个。因此，根据这个特性，就能以挖到一个子藕来推测其母藕的方向和母藕的长度。母藕、子藕的顶芽和孙藕都可以作为种藕，供繁殖用，见图4–2。

藕分藕头、藕枝和后把3部分。藕顶端一节称为藕头。藕头前面有顶芽和叶芽，而在藕节处有侧芽和叶芽。莲藕的顶芽由一个鳞片状的芽鞘保护，而剥去这个芽鞘，里面有一个包着鞘壳的叶芽和花芽的混合芽及短缩的地下茎，在其短缩的地下茎的顶端又有一个被芽鞘包裹的新的顶芽，这样每一级顶芽都重复着前面的结构。侧芽的构造和顶芽相似。叶芽也由一个鳞片状的鞘壳包裹，而里面是一个短缩的、未开展的幼叶，叶梗基部还有一个花芽。母藕及各节子藕的顶芽，在藕枝生长肥大的同时，

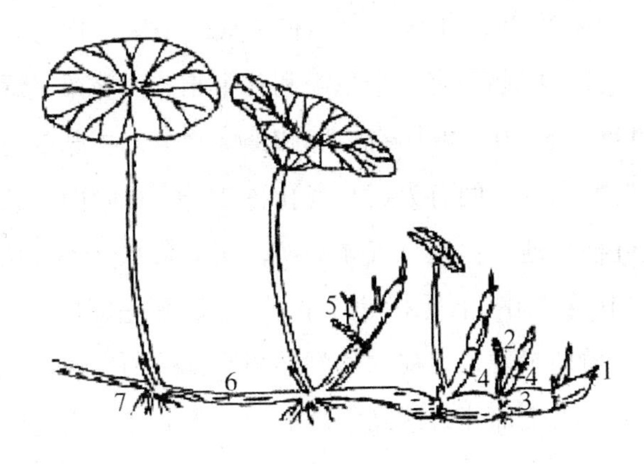

图4-2 藕的外部形态

1.顶芽 2.叶芽 3.主藕 4.子藕 5.孙藕 6.莲鞭 7.须根

已形成了下一年生长的藕鞭、叶芽和混合芽，而其常包被在鞘壳中越冬；中间较长而肥大的几节根状茎称为藕枝，是食用的主要部分；尾端最后一节细长的根状茎称为藕梢或后把。藕梢一般纤维较多，品质较藕枝差，早熟藕如延迟收获，藕梢常有干缩现象。

藕节部缢缩，节间呈圆筒形，横径 1 ~ 10 厘米，表皮颜色有白、黄白、玉黄等色，藕有背腹面之分，在腹面一般都有一道浅而宽的沟，离顶端近的最为显著；横截面一般呈六钝角圆形，上有许多大小不一的通气孔。茎中有许多通气孔，与根、叶、花相连形成一个通气系统，这也是水生蔬菜结构的特点。藕植株各部分由通气组织相连，空气由叶面进入地下部分而进行气体交换。在生长过程中，空气与土壤中的铁化合，产生三氧化二铁，成为红褐色锈斑并附着在藕的表面。结藕以后，随着季节和生育的变化，褐色锈斑增厚；当荷叶逐渐枯死、呼吸作用停止后，藕枝各节的锈斑会因还原作用而逐渐减少。故栽培上常利用这些特性，在采收前摘叶，以使藕枝表面的锈斑容易洗去。

藕和莲鞭折断时有丝，可拉长 10 厘米左右，这是由带状螺旋导管及管胞的次生壁上有弹性的增厚的黏液状的木质纤维素抽长而成的。这些并行排列由带状螺旋体构成的组织，在叶梗和花梗上也有，但在藕及莲鞭上最长，且相连不断，故称“藕断丝连”。

3. 叶　莲藕的叶通称为荷叶，为大型单叶，由地下茎各节上向上抽生，具长叶梗，顶生。叶片呈圆盘形或盾状圆形，直径 20 ~ 100 厘米，全缘波状，中心稍凹陷，幼时两侧内卷成梭形。叶上表面黄绿色至深绿色，具有蜡质白粉；下表面灰绿色。叶面上有放射状叶脉 19 ~ 23 条，叶脉的中心有一灰色小区，称为叶脐或莲鼻。莲鼻中间凸起，似人的鼻梁，两侧各有一个鼻瓣和几个小孔。鼻梁呈绿色，鼻瓣和小孔呈灰绿色，这是荷叶的通气孔。叶脉有主脉和细脉之分，主脉与莲鼻相连，并向四周呈放射状排列。叶脉内，中间有大、小气孔各 2 个。自叶面气孔流入的空气汇集在莲鼻处，并通过叶梗与地下茎进行气体交换，而多余水分还可从此排出体外。立叶的叶片和叶梗成 110° ~ 130° 角，保持叶片不下垂。叶梗呈圆柱形，长 10 ~ 270 厘米，横径 0.3 ~ 1.5 厘米，质地较硬，表皮的角质层很厚，并倒生较密的刚刺。叶梗与地下茎相连部分呈白色，出土部分为紫红色，水中及水上部分为青绿色。叶梗的横截面有 6 个气孔，其中 4 个大，2 个小。叶梗中的气孔和地下茎、叶片主脉中的气孔直接相通，一般空气进入叶脉气孔，汇集叶脐处，再通过具有 6 个气孔的叶梗与地下茎进行气体交换。叶脐表皮较薄，不可触破，以免漏入雨水引起全株腐烂。在立体显微镜下观察，叶的上表面满布刺状突起，其中以沿叶面的边缘处较多，里面较少，而中心莲鼻处多而大。叶面表皮细胞上的细微突起，可阻止水分停留在叶表面上，而水滴又因表面张力的作用形成球状，当风吹动荷叶时，水珠会随之滚动，十分好看。莲叶见图 4–3。

根据观察不同时期莲藕抽生的叶子，将叶片按抽生先后分为水中叶、浮叶、立叶、后把叶和终止叶等，莲藕植株全形见图 4–4。

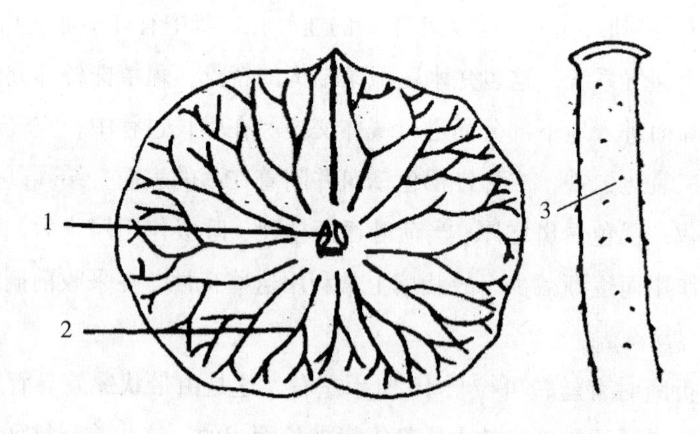

图4–3　莲叶

1.叶脐（莲鼻）　2.叶脉　3.叶梗

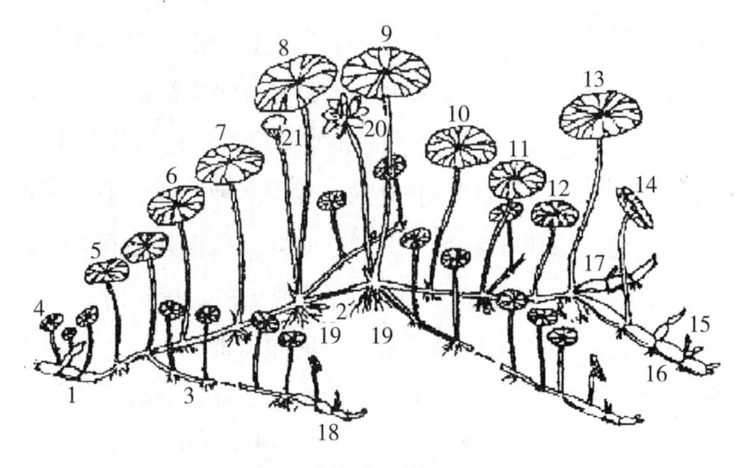

图4–4　莲藕植株全形

1.种藕　2.主藕鞭　3.侧藕鞭　4.水中叶　5.浮叶　6.立叶　7 ~ 8.上升阶梯状叶群　9 ~ 12.下降阶梯状叶群　13.后把叶　14.终止叶　15.叶芽　16.主鞭新结成的亲藕　17.主鞭新结成的子藕　18.侧鞭新结成的藕　19.须根　20.荷花　21.莲蓬

1)水中叶　又称为钱叶，为种藕上生出的幼叶，一般在种藕藕枝形成时已形成，其外有叶鞘保护。栽种以后，幼叶萌发出鞘并长成小圆盘状的荷叶，其叶片很小，叶梗细软不能直立，多是沉在水中，故称为水中叶或荷钱叶。

2）浮叶　种藕顶芽抽生的主鞭和侧鞭上抽生的第 1、第 2 张荷叶，其叶片小，直径 20 ~ 25 厘米，因叶梗较软，亦不能直立，叶片只能浮于水面，故称为浮叶，也称为踢水浮叶。

3）立叶　随着气温的上升，主鞭不断伸长，侧鞭也逐渐生出和生长，叶梗上的荷叶随叶梗的增高而逐渐增大，由于这时叶梗比较粗硬，能够把叶片托出水面并立于水面之上，所以这些叶片就称为立叶。初期抽生的立叶叶面积较小、叶梗较短，其后生出的立叶，叶面积逐渐变大，叶梗也逐渐伸长，形成上升阶梯状叶群。当叶群上升至一定高度后，即停留在一般高度上。随后发生的叶片又逐渐变小，叶梗逐渐变短，便形成下降阶梯状叶群。浮叶与立叶在出水前，都呈抱卷状态，其抱卷的方向就是莲鞭生长的方向。故见卷叶，便可找到藕的生长地方。

4）后把叶　又称为大架叶或后栋叶。开始形成新藕时，在莲鞭与开始膨大成藕节之间抽生的一片立叶，这片叶最高大，其叶梗刺多而锐利，因其下便是藕的后把，故称为后把叶。后把叶的出现，标志着地下茎开始结藕。

5）终止叶　在后把叶以后生出的叶片，一片比一片矮小，最后一片叶小而厚，近圆形，其直径为 25 ~ 30 厘米，叶色最深，叶梗短而细、光滑无刺或少刺，有时出水，有时不出水，这就是终止叶。终止叶着生在新藕上，初期呈抱卷状，其方向和新藕枝的生长方向一致，可根据其抱卷方向推断新藕枝在土中的着生方向。这张叶片展开后，根据它的生长形态，可推测地下藕枝的成熟度及藕枝的节数和大小。

一株全藕，主鞭自立叶开始到终止叶的叶数因品种和栽培季节不同而异，一般有 13 ~ 15 片叶片，晚熟品种可达 20 多片。终止叶到后把叶之间的叶数根据藕的品种、生长状况不同而不同，一般有 1 ~ 2 片叶片或更多。挖藕时，找到终止叶和后把叶并将其连成一直线，便可判断藕的着生方向和位置。据终止叶到后把叶之间的叶片数便可探知藕枝有几节，并可知后把叶附近的子藕的节数。荷叶不仅是制造营养的器官，而且还起着交换气体的作用，因此对藕的生长发育关系很大。保护好荷叶，是夺取高产的关键。如果在生长旺盛时期荷叶被大风吹坏，就会造成大量减产。

4. 花　莲藕的花称为荷花或莲花。着生于莲鞭的节处幼叶基部的背面，花芽外有鳞片包裹，与立叶并生，位于立叶的背面。花单生，两性花。萼片 4 ~ 5 枚，花瓣 20 片左右，长椭圆形或匙形。花瓣和萼片一起螺旋状排列于花托的基部。雄蕊 400 枚左右，位于花托基部四周。花丝细长，多为淡黄色，花药顶生，在花药的先端长有白色的卵圆形附属物。芳香四溢的荷香，主要来源于雄蕊的花粉。雌蕊柱头顶生，无花柱，子房上位，心皮多数、散生，陷入肉质的大花托内。荷花花形、颜色、花径大小和花瓣数目因品种不同而异。荷花按花瓣多少分为单瓣、半重瓣、重瓣、重台、千瓣 5 种，颜色有深红、粉红、玫红、白或淡黄等色。一般荷花多为白色单瓣，也有的为粉红或红色。荷花于清晨渐次开放，至下午三四点闭合。开花时柱头上分泌出有光泽的黏液，有芳香味。花开放 4 天后凋谢。

多数品种能开花。早熟品种无花或极少开花；中晚熟品种的主鞭自六七叶开始到后把叶为止，各节与叶并生一花，或间隔数节抽生一花。花梗和荷叶梗并生于同一节上，荷叶梗在前，花梗在后。花梗绿色，基本上与其相邻的叶梗等长或稍有高低，其上也有绿色或紫红色的小刺，内有气孔 8 个，与叶梗、莲鞭及藕的通气组织相连。主鞭开花的多少，依品种特性、种藕藕枝大小、肥力状况和气候条件等而有所不同。在一般情况下，长藕性不强、晚熟品种开花多；长藕性强、早熟品种开花少；高温干旱、土壤肥沃、种藕肥大时开花较多；低温水深、土壤贫瘠、种藕瘦小时开花较少或不开花。以生产藕为目的时，开花少为好；以开花和生产莲子为目的时，开花多为好。

5. 果实和种子　莲藕的果实通称为莲蓬，由花托膨大发育而成，属于假果。花凋谢后，花被散落，留下倒圆锥形的大花托，即为莲蓬。当果实已相当膨大而子房壁仍为绿色、未硬化时，莲蓬可作为水果食用。每个莲蓬有 15 ~ 25 个完全硬化的、无胚孔的坚果，内含一粒种子，即为莲子。莲子系子房发育而成，为果实和种子的总称，属真正的果实。莲子是小坚果，呈椭圆形、卵形或卵圆形，棕褐色、灰褐色或黑褐色，成熟后其果皮极为坚硬、革质。在残存的柱头下有一个似腺点的乳头状突起，另在基部有一个凹下的种脐，未成熟前与莲蓬相连。莲子长 1.6 ~ 1.8 厘米、宽 1.1 ~ 1.2 厘米，每千克莲子有 600 ~ 1 000 粒，一般自开花至莲子成熟需 40 ~ 50 天。一般荷花盛开时，表示藕已进入生长旺盛时期，而莲蓬向一侧弯曲时，即里面的种子已经成熟,地下的新藕也同时成熟。莲子也可用来繁殖,其发芽力可保持多年，通常将莲子硬壳的一端破碎，在适宜的环境条件下可以萌发成为新植株，但当年不能形成肥大的藕，而且变异较大，因此一般多用种藕繁殖，莲蓬的形状见图 4–5。

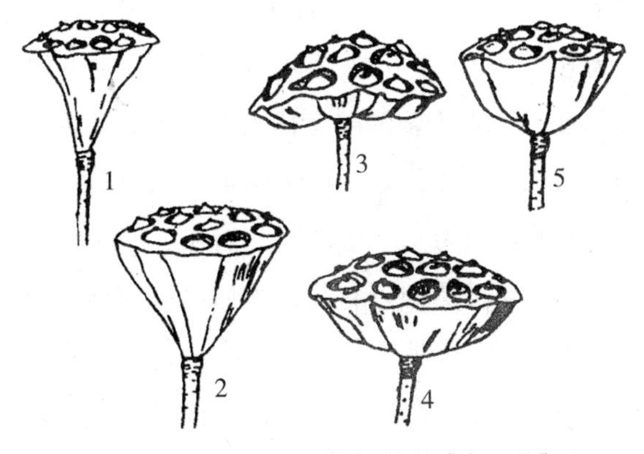

图4–5　莲蓬的形状（仿倪学明《中国莲》）

1.喇叭形　2.倒圆锥形　3.伞形　4.扁圆形　5.碗形

莲子剥去坚硬的果皮即是种子。种子由种皮、子叶和胚三部分组成。种皮较薄而软，红棕色或灰白色；剥去膜质的种皮，内为 2 片肥厚的子叶，半球形，基部合生，玉白色，顶端渐尖，内含丰富的营养物质供种子萌芽时用。子叶也就是通常所说的莲肉，是很有营养价值的食品。子叶中间夹生绿色的胚芽，通称为莲心，是一种中药材。莲子的内部构造见图 4–6。

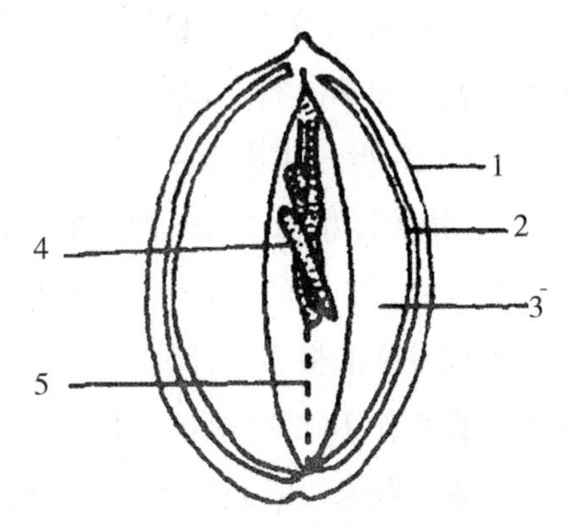

图4–6　莲子的内部构造

1.果皮　2.种皮　3.子叶　4.胚芽　5.空腔

二、莲藕的生长发育规律

1. 莲藕的物候期　莲藕是多年生宿根植物，一年一度完成它的年生长周期。在一个年生长周期内，它都要循序经过萌芽、展叶、开花、结实、长藕和休眠等生长发育阶段。它与大多数先叶后花或先花后叶的植物有所不同，在生长发育初期是先叶后花，到了中期则是叶、花齐出。莲藕是陆续开花，陆续结果，蕾、花、果和叶并存于同一植株。终花后，进入莲子的生长发育后期才长藕，其营养生长贯穿于整个年生长周期中。

在长江流域，群众有句谚语："三月三藕出苫。"即在农历三月初藕就开始萌发。一般说，在 4 月萌发，4 月中旬展出钱叶和浮叶，5 月中旬生长立叶，5 月底至 6 月初开始现蕾；"六月荷花满池开"，即 7 ~ 8 月为盛花期。9 月以后进入末花期，9 月也为长藕期。结果期为 6 月至 10 月下旬；同时到了 10 月中下旬，植株衰老，叶片逐渐枯黄。11 月至翌年 3 月，则为藕的越冬休眠期。莲藕在黄河流域 4 月中下旬开始萌动；在不同的地理区域，莲藕不仅物候期不同，而且全生育期长短也各有差异。在黑龙江省同江地区其全生育期为 90 ~ 100 天，而在武汉地区一般为 190 ~ 200 天。莲藕的物候期及全生育期与品种类型也有关系，如南昌的早藕全生育期仅 110 天左右，而某些花莲类型的品种全生育期长达 200 多天。

2. 莲藕的生长发育特性　莲藕在生产上都用种藕进行无性繁殖。莲藕的生育周期，即从休眠越冬的种藕春季萌芽开始，直到秋冬季新藕形成和成熟并进入休眠为止。莲藕的无性繁殖生育周期大致可分为以下几个时期：

1）幼苗期　此期从种藕萌芽开始到抽生出第 1 片立叶为止。随着春季气温回升，当气温上升到 15℃左右、地温在 8℃以上时，土中种藕先端的顶芽开始萌发，随着温度的升高，顶芽向斜上方伸长，并抽生莲鞭，同时幼叶穿出芽鞘，叶梗伸长，叶片展开，形成浮叶。生出 2 ~ 3 片浮叶后，藕枝各节上的叶芽也相继萌发，长成钱叶。这时因气温较低，植株生长较慢，所需养分主要靠种藕供给。当气温为 18 ~ 20℃时，莲鞭开始伸展，主鞭的第 2、第 3 节长出立叶。立叶抽生后，莲鞭各节都相继生根、生叶，形成较强的根系，且其吸水、吸肥能力增强，植株开始依靠叶片的光合作用和根系的吸收作用来完成自身的养分需要。随着气温的继续升高，植株叶片光合作用能力及根系吸水、吸肥能力也相继增强，生长加快，进入旺盛生长阶段。这时种藕中原储藏的营养物已逐渐被消耗掉，种藕便腐烂于泥中。因此，本阶段要求种藕肥大、基肥充足、水位宜浅、水温宜高，以促进植株早抽莲鞭、早生立叶，为其旺盛生长打下基础。幼苗期需 25 ~ 30 天，而在此期间，除低温时应灌水防冻外，一般要保持浅水层，以提高水下泥土的温度。

2）立叶期　从出现第 1 片立叶开始到现蕾为止，为莲藕的立叶期。立叶期是莲藕年生长周期中的一个飞跃生长阶段。当外界气温上升到 20℃以上时，茎、叶生长较快，先后出现的立叶也逐片增大，地下茎逐渐分枝；其地上部分和地下部分同步生长，速度较快，平均 5 ~ 6 天地下茎延长一节，并抽出一个叶芽。在不断增加延长的同时，地下茎还不断发生分枝，逐步形成一个庞大的分枝系统。地下茎的节部向下长根，向上抽叶。刚出水的叶芽，因叶片两边相对内卷而成梭形；出水后日见松散，叶片增大，最后舒展平开呈圆形。通常叶片出水后 3 天左右就完全张开。这时同一条地下茎或一条分枝上所发育出来的叶片，其大小、叶梗高矮是不同的。叶片顺着莲鞭的延伸方向逐渐增大，叶梗也相应地增高，表现为一节一步上升的阶梯状。叶梗上升和叶片增大过程，标志着植株营养生长的加强。一般主茎上出现 5 ~ 7 片立叶后开始现蕾，这时植株便进入了下一个时期即花果期，一般这个时期 30 天左右。在这个阶段，苗需要充足的阳光、水分和肥料，并且要求高而稳定的气温。因此，应继续浅水灌溉，并注意除草追肥，以促进营养生长，为下一阶段的产量形成打下基础。

3）开花结果期　从植株开始现蕾到出现终止叶或莲子基本成熟为止，为莲藕的开花结果期。这个时期从第 1 朵荷花开放后，营养生长转慢，植株陆续开花结果，茎、叶同样生长繁茂，是营养生长和生殖生长并盛时期，无论是莲藕还是子莲都是产量形成的关键时期。荷花是陆续开放的，花期一般延续 2 个月左右，但因品种不同，花期也有所不同。如花莲、子莲品种，花期可达 3 个月之久；莲藕品种则开花较少或甚至完全不开花，如六月报一般不开花。每一朵花一般从现蕾到开花需 15 ~ 20 天，从开花、授粉、受精到莲子成熟，需经历 30 ~ 40 天。荷花虽为两性花，但它有雌蕊先成熟雄蕊后成熟的特性，因此，常常不能自花授粉，而必须依靠昆虫进行异花授粉，才能结实良好。

由于莲藕为喜光植物，在这个时期光照条件对花的形成及发育有很大影响，在全日照和强光条件下花蕾生长发育快，开花早，同时凋谢亦早；相反，在连绵阴雨的天气，花蕾发育慢，开花迟缓。因此，可以利用改变光照来调整开花时间。一般延长光照可提早开花，缩短光照则延迟开花。在这个时期，温度的影响也较为明显。同一品种在同一栽培条件下，气温低单花形成过程较慢，气温高则较快；同时温度对授粉过程和受精卵的发育影响也很大，授粉过程中温度不宜太高，而受精卵的发育则要求高而稳定的温度。风对开花传粉也有一定的影响。因此，这一时期要求阳光充沛，温度为35℃左右。但在此期间，千万不可断水，灌水要先深后浅，并可追肥1次，同时应严防病虫害，适当打除老叶。

4）结藕期　此期从后把叶出现到莲叶变黄枯萎、藕枝肥大充实为止，是莲藕形成产量的重要时期。在开花结果的同时，主茎上抽生8~9片立叶后，抽生后把叶。具体主茎上第几片立叶成为后把叶，因品种和生态环境不同而异。盛花期以后，后把叶的出现标志着地下茎的先端已开始由水平转向斜下方生长，节间逐节缩短和膨大，积累养分，形成新藕。后把叶出现后，莲藕植株地上部分营养生长缓慢，叶片小，叶梗短，因而已形成一个下降的阶梯状，体内营养的流向由地上部分转入地下部分，地下茎的先端由浅入深，逐渐钻入较深的土层中，并出现终止叶，从而标志着地上部分营养生长已经停止。但植株体内吸收和制造的营养物质转化加速，除少部分输向莲子外，其余的都向下输送，一般在地下茎的第15节以后开始增粗肥大，积累和储存丰富的营养，形成肥大的地下茎即新藕。这一时期水位可逐渐落浅，生长适温为20~25℃，温度过高或过低都不利于结藕。阳光充足、昼夜温差大，则有利于促进养分的积累。因此，管理上要求浅水，以利提高土壤温度，加速藕的形成。

结藕的早晚，因品种、生长条件和栽培措施不同而异。在一般情况下，浅水比深水结藕早，密植比稀植结藕早，南方比北方结藕早。在结藕期间，如受到强风、水位暴涨猛落等恶劣条件的影响，都会使结藕期延迟，甚至造成减产。继主茎结藕之后，各大分枝的先端也先后结藕。每一枝藕从开始膨大到全藕膨大定形需经30天左右；但此时新藕内部含的水分还很多，而含淀粉和蛋白质等干物质的量少，一般还需经历30天以上才能使含水量逐渐减少，干物质含量逐渐增多，最后达到内部充实。当气温下降到15℃左右时，新藕停止增粗肥大，荷叶也逐渐凋萎枯黄。

5）越冬期　自植株地上部分变黄枯萎、新藕形成，直到翌春叶芽、顶芽开始萌发为止，为莲藕的越冬期，也称为休眠期。入冬后，莲藕植株地上部分逐渐枯萎死亡，莲鞭也随着相继枯死腐烂。此时新藕可随时挖起食用，或在泥土中越冬，翌年挖起销售。若藕处于休眠状态在泥土中越冬，此时只要泥土不冰冻，就能安全越冬。

三、莲藕生长发育对环境条件的要求

1. 水分　莲藕属水生植物，整个生长发育过程均在水中进行，不能缺水，忌干旱。而长期的水生环境又使莲藕产生了许多适应水中生活的结构，如地下茎、叶梗、花梗、叶片等都有发达的通气孔道，能使进入莲藕叶片气孔的空气流到植株的每个器宜，从而保证了植株在水中的正常呼吸和新陈代谢。

虽然莲藕对水有一定的适应能力，但对其水位高低和水流静动有一定的要求。不同的品种对水位的要求各有所异，同一品种在不同生育期对水位的要求也有不同。生长期间，水层掌握“浅—深—浅”的原则。在栽植初期要求浅水，水位以 5 ~ 10 厘米为宜，最深不宜超过 30 厘米，以利于提高土壤温度，促使种藕提早萌芽、植株早抽立叶；随着植株进入旺盛生长阶段，要求水位逐步加深，并以 15 ~ 20 厘米为宜，过浅易造成徒长引起倒伏，过深则植株生长细弱，不利于莲藕生长；以后进入开花结果和结藕阶段，水位又宜逐渐降低，保持浅水层，以 5 ~ 10 厘米为宜，加大昼夜温差，促进莲藕膨大。而至休眠越冬期，只需土壤充分湿润或保持浅水层；若水位过高，易引起结藕延迟和藕枝细瘦，发育不良；而水位猛涨，淹没荷叶 1 天以上，容易造成叶片死亡。水位升降时水流要平稳。

莲藕对水质要求不严，但莲藕能吸收、转移和富集土壤中的铁、锰、铜、锌、铅等多种金属元素，莲藕不定根对铅有特殊的吸收功能，故不宜用有害的工业污水灌溉。若生产绿色莲藕，其生产基地对灌溉水质要求清洁无毒，且必须符合国家《农田灌溉水质标准》。

2. 土壤质地　对土壤质地的要求不严，在壤土、沙壤土和黏壤土上均能正常生长，但以含有机质丰富且松软肥沃的壤土为最适，因为此类土壤较为疏松，藕在土壤中膨大阻力小，膨大快，容易获得较高产量。沙性土壤通气性好，比热小，土温变化快，若能增施有机肥，则对莲藕生长十分有利，极易获得优质高产。若在沙土中种植莲藕，藕多曲折而节间短小，不但肉质粗硬，而且风味也差。土壤肥沃与否直接影响莲藕的生长发育、产量和品质。因为腐殖质土中所含的有机营养既可不断分解供植株吸收，又不至于在短期内大量分解，从而减少了养分的流失，更由于腐殖质土壤疏松，藕在生长中阻力小、膨大快，易于取得优质高产。在 pH 为 5.6 ~ 7.5 的土壤中均能正常生长，但以在微酸性和中性土壤中（pH6.5 左右）生长为最适。莲藕一般要求土壤耕作层深 30 ~ 60 厘米，因土壤耕作层过深，藕易深钻，给挖藕带来不便。

3. 温度　莲藕原产于温暖湿润的地区，为喜温植物，在其整个生长季节最适应的气温为 20 ~ 30℃、水温为 21 ~ 25℃，早期播种时，种藕萌发也要求温度在 15℃以上，否则幼苗生长缓慢或造成烂苗。气温达 20℃左右时，即可抽生莲鞭、须根及立叶；气温达 30℃左右时，植株营养生长旺盛，进而现蕾开花。结藕初期也要求温度较高，以利于藕枝的膨大，一般结藕期的最适宜温度在 25℃左右；后期则要求昼夜温差较大，白天 25℃左右，夜晚 15℃左右，以利于养分的积累，促使莲子的早日成熟和藕枝的充实。温度下降到15℃左右时，新藕不再增大，进而植株停止生长。休眠期要求温度保持在5℃以上，若低于5℃，则藕容易受冻。

4. 光照　莲藕为喜光植物，生长和发育都要求光照充足，不耐遮阴。阴凉缺少光照的地方不利于莲藕生长，而在强光照条件下温度较高，莲藕的地下部分生长迅速，有利于藕的形成，而地上部分发育也较快，且开花早而多。生长前期光照充足，有利于茎、叶的生长；后期光照充足，有利于开花、结果和藕枝的充实。莲藕对日照长短要求不严，但一般长日照比较有利于营养生长，短日照比较有利于结藕。而长期阴雨天气对藕的形成不利。

5. 风　莲藕的叶片和花是靠细而脆的叶梗和花梗撑起，而叶片较大容易招风，加之植株的地下部分在水和泥中的固定力又较差，因此在抽叶和开花期间最忌大风。若风力过强，即风速超过15米/秒时，茎、叶就会受到损坏。强风暴雨会折断叶梗和花梗，从而使水从叶梗或花梗的通气孔道灌入，引起正在生长的地下茎或已成熟的新藕腐烂，以致影响藕及莲子的产量。“折断一枝荷，烂掉一窝藕”就是这个道理。花朵灌入水，不但直接破坏花容花姿，影响莲花的观赏价值，而且将影响传粉受精，减少莲子的产量，所以要选择避风的地方栽种。在生产上往往在强风来临之前临时灌深水，以稳定植株，减轻强风对植株的危害。

第二节　莲藕的类型与品种

一、莲藕的类型

莲藕经过长期人工选择，有三大类型：花莲、藕莲（人们往往也称为莲藕）和子莲。其中以观赏花为主要栽培目的的品种属于花莲，而花莲的分类系统目前是三大类型中较为完善的，其花型复杂，有单瓣、复瓣、重瓣、重台、千瓣等，有大花型、小花型；花色有红、白、粉、黄等各种颜色。

藕莲根状茎肥大，以采收地下茎即藕供食用为主，一般正常生长发育而成的全枝藕重都在1千克以上，最重的为4～5千克，主藕长度为70～100厘米，横径为3～6厘米；一般叶脉凸起，叶片较大，开花较少或不出现花朵。藕莲的栽培类型，花多为白色；野生类型，花为红色。倪学明依据花色、有花或无花等对其进行分类；赵有为等依据耐水深度将其分为深水生态型和浅水生态型，而浅水生态型又分为生食品种群、熟食品种群和加工品种群；柯卫东等人将藕莲分为野生湖藕类型和栽培湖藕类型，而栽培湖藕类型又分为改良品种和地方品种，改良品种和地方品种又分为长节藕莲和短节藕莲。有的还把藕莲按其淀粉及全糖的含量、食用目的分为果藕、菜藕和加工用藕。

子莲以采收其所结的果实中的种子即去皮的莲子供食用为主，花多为单瓣，红色，花多，莲蓬大，莲子多为近圆形，生长势强，根状茎细长。一般所结的藕较细小，全枝藕重多在 1 千克以下，且质地较硬；叶脉不凸起，叶片较小。子莲开花、结果延续的天数较多，第 1 批开放的荷花其种子已经成熟，而后期的才开始开放，因此生育期一般较长，要求无霜期也长，所以在长江以南地区适宜种植。

二、藕莲（莲藕）的品种

莲藕的品种较多，按其生态类型可分为浅水藕和深水藕 2 类。依淀粉含量多少可分为粉质和黏质 2 种。粉质藕的淀粉含量高，以熟食为主。黏质藕质地脆嫩，生熟食均宜。

1. 深水藕　适于池塘或湖荡栽培。水深宜 40 ~ 100 厘米，夏季深水达 120 ~ 150 厘米也可栽种。一般多为中晚熟品种。

2. 浅水藕　适于在低洼水田或一般水田栽培，水深以 10 ~ 30 厘米为宜，一般多为早熟品种。

主要品种有：

1）珍珠藕　极早熟。短筒，藕节均匀，藕肉厚实。亩产 2 000 ~ 2 500 千克。

2）00 – 01　晚熟。短筒，皮白。亩产 2 000 千克。株高 180 厘米左右，叶径 75 ~ 85 厘米，叶片中心角开度较小，呈“V”字形。开较多单瓣白花。田栽 8 月下旬成熟，9 月至翌年 4 月收获，主藕 5 ~ 6 节，长 100 ~ 130 厘米，每节间长度较均匀，一般长 150 ~ 200 厘米，横径 7.5 厘米左右，入泥深 25 ~ 35 厘米，单枝重 2 ~ 3 千克，表皮白色，煨汤易粉，亩产量 2 500 千克左右。

3）00 – 26　叶面中心角开度较大，区别其他所有菜用藕的显著标志是叶面无乳状凸起，因此手感特别光滑。晚熟，田栽 9 月上中旬成熟，9 月下旬至翌年 4 月收获，主藕 5 ~ 6 节，长 100 ~ 150 厘米，节间长 20 ~ 25 厘米，横径 7.5 厘米左右，入泥深 30 ~ 35 厘米，单枝重 2.5 ~ 3 千克，表皮白色。亩产 2 500 千克左右。

4）9217　从地方品种中单株系选而成。株形高大，中晚熟。株高 175 厘米，叶径 75 厘米，耐深水，花白色。主藕入泥 30 ~ 35 厘米，5 ~ 6 节，长 120 厘米，粗 7.5 厘米。藕形肥大，皮白肉脆，商品性好。长江中下游地区 4 月上旬定植，9 月上旬成熟，每亩产 2 500 千克左右。

5）白泡子　白泡子选育于湖北省孝感市郊区，株高 140 厘米，叶径 70 厘米，花单瓣，白色，开花较多，主藕 4 ~ 5 节，长 100 厘米左右，横径 7.5 厘米，表皮白色，皮孔较小，且不明显。横断面圆形，通气孔较小。藕头短筒形，藕梢较长，主藕各节长度不均匀。顶芽淡黄色，子藕 3 ~ 4 节，单枝重 2 千克，主藕 1.5 千克左右。中早熟，抗逆性一般。

6）鄂莲 1 号　极早熟，入泥浅，主藕 6 ~ 7 节，7 月上旬亩产青荷藕 1 000 千克，9 ~ 10 月后每亩可收老熟藕 2 000 ~ 2 500 千克。

7）鄂莲 3 号　选用湖南泡子作为母本，竹节藕为父本，经过人工杂交选育而成，1993 年通过审定，早中熟。长江流域 4 月上旬定植，7 月上中旬可收青荷藕，9 月后收老熟藕，叶梗长 140 厘米，叶径 65 厘米，开白花。主藕呈短筒形，5 ~ 6 节，长 120 厘米左右，横径 7 厘米左右，单枝重 3 ~ 4 千克，皮色浅黄白色。入泥深约 20 厘米。每亩产老熟藕 2 200 千克。

8）鄂莲 4 号　选用长征泡子作为母本，武汉莲 1 号（8126）作为父本，进行人工杂交，并对杂交一代进行单株选育而成，1993 年通过审定。中熟。叶梗长 140 厘米，叶椭圆形，叶径 75 厘米，花白色带红尖，主藕 5 ~ 7 节，长 120 ~ 150 厘米，横径 7 ~ 8 厘米，单枝重 5 ~ 6 千克，梢节粗大，入泥深 25 ~ 30 厘米，皮淡黄白色。长江中下游地区于 4 月上旬定值，7 月中下旬收青荷藕，每亩产 750 ~ 1 000 千克，9 月可开始收老熟藕 2 500 千克左右。

9）鄂莲 5 号（3537）　鄂莲 5 号又名 3735。系武汉市蔬菜科学研究所用鄂莲 2 号为母本，武莲 1 号为父本杂交育成。2001 年通过审定。中早熟品种，抗逆性较强，稳产，藕形粗壮，商品性好。株高 160 ~ 180 厘米，叶径 75 ~ 85 厘米，叶近圆形，花白色，结实率较低。主藕入泥深 30 厘米，成熟藕一般 5 ~ 6 节，长 120 厘米，横断面椭圆形，横径 7 ~ 9 厘米，藕节较粗壮，通气孔小，表皮白色。长江中下游地区 4 月上旬定植，7 月中下旬每亩收青荷藕 500 ~ 800 千克，8 月下旬产老熟藕 2 500 ~ 3 000 千克。生长势强，抗逆性强，稳产，品质优良。

10）鄂莲 6 号　中熟，入泥浅。藕节均匀，主藕 6 ~ 7 节，皮白。亩产 2 500 ~ 3 000 千克。

11）南斯拉夫雪莲 2 号　该藕适用于浅水栽植，如稻田、人造水池、水泥池、塑料布池种植等。藕形粗，叶大，株高 250 厘米。叶直径 130 厘米，大的可达 200 厘米。主藕 4 ~ 6 节，该藕通体雪白平滑，每枝藕平均 6 千克，最大重达 32 千克。

平均亩产商品藕500千克左右。该藕适应性强，抗病能力强，抗冻，抗倒伏，品质优良。

12）泰花藕　本品种从泰国引进，中熟，生长迅速，根系发达，叶直径可达100厘米，主藕4～6节，子藕佳，入泥15～20厘米，每挂藕重达5千克以上，每节重达1.5千克，亩产4 000千克以上，属上等品种，是2009年引进的新品种。

13）无花藕　本品种属较早熟品种，7月中旬成熟，主藕5～7节，子藕少，采藕率在85%以上，入泥8～10厘米，易采收，亩产3 000千克以上，属上等品种，经济效益高。

14）无花一号　本品种极早熟，7月初基本成熟，入泥5～10厘米，极易采收，主藕5～8节，子藕佳，藕形均匀，达国家出口标准，采藕率90%以上，亩产达5 000千克，属上等藕品种，7月初上市。

15）武植2号　1979年自蔓荷品种单株系选而成。该品种中熟，适合浅水栽植，130天可收获，入泥深30厘米。藕枝形态与苏州蔓荷相似，横切面有明显的凹槽。开花较少，花白色并略带红色，单瓣。植株高150厘米，叶径50厘米，主藕120厘米，4～6节，中间节段长15厘米，横径6～8厘米，最大单枝藕重5千克，主藕重3千克，表皮乳黄色，顶芽淡黄色。藕肉质细，品质良，产量高，每亩可达2 500千克以上。

16）新一号　由鄂莲1号实生苗系选而成。中早熟品种。株高175厘米，叶径75厘米，花白色。主藕入泥30厘米左右，5～6节，长120厘米，横径7.5厘米。藕形肥大，皮白肉脆，商品性好。长江中下游地区于4月上旬定植，7月中旬可收青荷藕，8月中下旬成熟后，每亩产2 500～3 000千克。根系发达，抗风，抗病，稳产，品质佳。

17）雪藕8号　本品种淀粉、糖含量较高，且纤维细，藕的颜色雪白透亮。故名雪藕。藕形粗，叶大，株高250厘米，叶直径平均130厘米，最大的直径有2米，藕秆底径平均4.5厘米，主体藕4～6节，藕通体平均长200厘米左右。分蘖枝3～5枝，分蘖枝藕瓜3～5块，均能达到商品藕标准。该藕适应性强，全国各地均可种植。

三、子莲的品种

我国现有的子莲品种比藕莲少，可分为浅水子莲和深水子莲2个类型。一般较耐深水，成熟较晚，以食用莲子为主，结实多，莲子大。

浅水子莲适于在低洼水田或一般水田栽培，水深以5～15厘米为宜，最深不宜超过 40 厘米。主要品种有：

1）湘白莲 1 号　又名湘白莲 84–1，是湖南省农业科学院蔬菜研究所从湘白莲 09 系与建莲 03 系的杂种一代中选择单株，经无性繁殖选育而成。它是一个适应性广、质优丰产的大粒型子莲新品种，1992 年通过湖南省农作物品种审定委员会审定并命名。早中熟品种，花单瓣，粉红色，平均单株莲蓬数为 34.4 个。壳莲黑褐色，圆球形，平均单粒重 1.52 克。肉莲淡红褐色，加工成的通心莲晶莹洁白，出肉率 68.7%，蛋白质含量 20.54%，粗淀粉 59.82%，支链淀粉 44.49%。莲子仁质粉而细，糯性好，有香味，外观及品质符合出口优质莲子标准。长沙地区于 4 月初播种，7 ~ 9 月采收，生育期 210 天，后期无早衰现象。在一般栽培水平下，每亩产壳莲 120 ~ 150 千克。该品种耐肥，抗风，抗倒伏，耐低温，耐热。

2）广昌白莲　原产江西省广昌县，赣莲代表品种。早中熟品种，长江中下游以 3 月下旬至 4 月初栽植为宜，7 ~ 10 月分次采收，每亩产壳莲 100 千克左右。花大、复瓣，浅红色，莲蓬碗形，蓬面凸，有莲孔 14 ~ 20 个。莲子卵圆形，棕褐色，长 1.6 厘米，宽 1.2 厘米左右，千粒重 1 400 克。莲子仁白色，易煮烂，品质好。

3）白花湘莲　原产湖南省湘潭县。中晚熟品种，当地于 4 月下旬种植，8 ~ 10 月分次采收，每亩产壳莲 100 千克左右。莲蓬倒圆锥形，蓬面凸，有莲孔 17 ~ 22 个。莲子卵圆形，灰褐色，长 1.6 厘米，宽 1.2 厘米，千粒重 1 370 克。莲子仁饱满、洁白，品质好，较大。

4）白花建莲　原产福建省建宁县。中晚熟品种，当地于 4 月中旬种植，7 ~ 10 月分次采收，每亩产壳莲 100 千克左右，或产去皮壳、去莲心的干通心白莲 60 ~ 70 千克。莲蓬倒圆锥形，有莲孔 16 ~ 20 个。莲子卵圆形，灰褐色，长 1.5 厘米，宽 1.3 厘米，千粒重 1 370 克左右。莲子仁洁白，圆形，易煮烂，品质好。

5）红花建莲　原产福建省建宁县。中晚熟品种，当地于 4 月中旬种植，8 ~ 10 月分次采收，每亩产壳莲 100 ~ 120 千克。莲蓬近扁碗形，蓬面平，有莲孔 21 ~ 38 个。莲子卵圆形，灰褐色，长 1.5 厘米，宽 1.3 厘米，千粒重 1 370 克。莲子仁品质较好，但稍次于白花建莲。较耐深水。

6）鄂莲

（1）鄂（子）莲 1 号（百叶莲 × 红花建莲）

a. 特征。与鄂（子）莲 2 号基本相同，不同处为：主藕节间稍短，皮刺较少，叶芽“箍”紫褐色，单支平均重 373（277 ~ 417）克。最大立叶叶径 68 厘米 ×52 厘米，叶梗高 160 厘米，叶茎粗 1.5 厘米，其上刚刺紫褐色（老叶青绿色），较细小。

叶上花稍多于叶下花，花单瓣，花瓣浅红色。老莲蓬扁圆形，底不平，蓬面较粗糙，多数椭圆形，外凸不明显，口径 13（8 ~ 16）厘米 ×11（7 ~ 14）厘米，心皮 28（13 ~ 42）枚，结实率 85% ~ 90%，壳莲平均粒重 1.53（1.3 ~ 1.68）克。莲子卵圆形，百粒重 100 克，花期 70 ~ 80 天。

b. 特性。基本上与鄂（子）莲 2 号相同。据观察，在面积为亩的鱼池内种 1 枝种藕，当年荷叶生长面积可达 333 米 ^{2}，开花 380 朵，结莲蓬 304 个，产壳莲 8.25 千克。

c. 栽培与用途。与鄂（子）莲 2 号相同。定植密度一般为 150 ~ 250 枝 / 亩，当年每亩可产壳莲 100 ~ 125 克，产干通心白莲 60 ~ 80 千克。

（2）鄂（子）莲 2 号（白花建莲 × 红千叶）

a. 特征。藕小，主藕有 2 ~ 3 个较粗长的节间，多数无子藕，单枝平均重 468（407 ~ 541）克，表皮黄白色，皮刺较大，密度中等，叶芽“箍”紫红色。叶面绿色，光滑，叶背灰绿，有紫红色斑点，最大立叶叶径 78 厘米 ×64 厘米。叶梗高 190 厘米，粗 1.8 厘米，其上刚刺浅紫红色（老叶青绿色），较粗大，“箍”棕褐色。花单瓣型。花蕾卵形，上端偏尖，胭红色。花粉红色，花径 22 ~ 26 厘米，花瓣 19 ~ 22 枚，瓣脉明显，雄蕊 200 枚左右，附属物乳白色，花托漏斗形，淡黄色，心皮 37（23 ~ 52）枚。叶下花稍多于叶上花。老莲蓬棕褐色，伞形，底平面凸，蓬面较圆，横径 13（9 ~ 15）厘米，高 5.3（4.5 ~ 6.5）厘米。果实（壳莲）黑褐色，卵圆形，果形指数 1.21（1.07 ~ 1.39），平均粒重 1.49（1.30 ~ 1.53）克，出肉率 68.2% ~ 70.78%。

b. 特性。植株高大，生长势强，花多，花期长，长江中下游地区 5 月中下旬始花，10 月上中旬终花。盛花期为 7 ~ 8 月，无明显开花高峰期。壳莲采收期为 7 ~ 10 月，结实率 75%（61% ~ 100%）。据观察，在面积为 1 亩的鱼池内种一枝种藕，当年荷叶生长面积可达 480 米 ^{2}，开花 443 朵，结莲蓬 350 个，产壳莲 9.65 千克和新种藕 370 枝。

c. 栽培本品种。耐肥、耐深水，适合在我国北纬 40° 以南的低湖田和湖、塘中种植。栽培时要加强去杂除野工作，严禁用壳莲作种，原初产品以青莲蓬和通心莲为宜，以免杂种分离，莲群衰退。种藕定植密度一般为 150 ~ 250 枝 / 亩，当年每亩可产壳莲 100 ~ 140 千克，新种藕 1 000 ~ 1 500 枝。栽培技术与一般子莲相同。

d. 食用、观赏兼用的高产优质子莲。

7）赣莲

（1）赣莲 62　1986 年采用复合杂交选育而成的品种。现在分布于江西子莲产区及闽、浙、湘部分产区。叶圆形，最大立叶直径 60 厘米，叶梗长 30 ~ 158 厘米，横径 1.05 厘米。花单瓣，红色。最大莲蓬横径 14 厘米，株高 168 厘米，每蓬结莲子 25 粒左右。莲子卵圆形，青绿色，莲子长 1.8 厘米，横径 1.15 厘米，黑褐色。带壳干中子百粒重 178 克，通心白莲百粒重 105 克。早熟，种植至开花 56 天，至采收 85 天，可套种二季晚稻。生长和结实期适宜水深 5 ~ 20 厘米。植株能耐最大水深 150 厘米，耐涝性强。生长和结实适宜温度 25 ~ 30℃，耐热性中等，抗性强，子莲品质好。

（2）赣莲 85-4　由浙江省丽水县农家品种，进行单株系选育而成。为中晚熟浅水莲品种。该品种株高 170 厘米，叶色淡绿，花梗略低于叶梗，系叶下花。花玫瑰红色，单瓣，花期长达 90 余天。单蓬结实 25 ~ 30 粒，结实率达 75% ~ 80%，亩有效蓬 3 000 ~ 4 000 个。莲子卵圆形，品质好，干通心白莲百粒重 120 ~ 130 克。适应性广，抗逆性强，发病率低，可在多种土壤中栽植，全生育期 185 ~ 190 天，每亩产壳莲 100 千克左右，产去皮壳、去莲心的通心白莲 60 ~ 80 千克。

（3）赣莲 85-5　由多个杂交组合后代中选育而成。为早中熟浅水莲品种。植株高 133 ~ 168 厘米，叶梗较粗，叶梗略低于花梗，系叶上花。叶色深绿，花较大，单瓣，浅红色，花期 70 天左右。单蓬结实 30 粒左右，结实率达 85% ~ 95%，亩有效蓬 3 500 个。莲子粒较小，干通心白莲百粒重 100 克左右。当地于 4 月上中旬栽植，7 ~ 9 月采收。每亩产壳莲 90 ~ 100 千克，产通心白莲 60 ~ 75 千克。

8）太空莲

（1）太空莲 1 号　通过卫星搭载，太空诱变培育的新品种。花单瓣，红色，心皮 18 ~ 32 枚，莲蓬大且蓬面较平，结实率 84% ~ 88.8%。莲子卵圆形，干通心莲百粒重 100 克，花期 130 ~ 140 天。每亩产干通心白莲 90 ~ 120 千克，品质好。

（2）太空莲 3 号　通过卫星搭载，太空诱变培育的新品种。株高 72 ~ 129 厘米。叶径 35 ~ 60 厘米，叶色深绿，叶梗刺紫红色。叶上花。花蕾卵形。花单瓣型，花径 25 ~ 30 厘米，花瓣 14 ~ 17 枚，粉红色，瓣脉明显。雄蕊 330 ~ 450 枚，附属物较大，乳白色。花托倒圆锥形，心皮 18 ~ 35 枚。成熟莲蓬扁圆形，莲面平或凸，直径 13 ~ 18 厘米，高 4.5 ~ 5 厘米，结实率 84.6% ~ 89.7%。莲子卵圆形，品质优，干通心百粒重 106 克，花期 110 ~ 112 天，每亩产干通心白莲 95 ~ 120 千克。

（3）太空莲 36 号　1994 年将广西子莲经搭载卫星诱变培育而成。株高 110 厘米，叶径 35 ~ 40 厘米。花单瓣，莲蓬碗形，壳莲椭圆形，单蓬结实 25 粒左右，百粒重 102 ~ 106 克，采摘期 105 ~ 120 天，每亩可收壳莲 90 ~ 120 千克。

第三节　莲藕的繁殖与良种繁育

莲藕的繁殖分有性繁殖和无性繁殖。莲藕无性繁殖可以保持亲本的品种特性，而且当年可以观花、采莲子或藕，所以在生产上花莲、子莲和藕莲一般都用此方法。藕如用种子繁殖，其后代生长期长，当年不能结藕，并且变异性大，因此在生产上很少采用有性繁殖。有性繁殖主要在品种的提纯复壮和培育新品种时应用。

一、莲藕的有性繁殖

凡是经过开花、授粉、受精的有性过程形成种子，然后再用种子延续后代就称为有性繁殖。有性杂交繁殖是培育新品种的有效方法之一，已广泛应用在育种上。有性杂交可以充分利用父本、母本的优良性状，有目的地培育高产、优质、抗病性强、特早熟或特晚熟等新品种。近年来，通过有性杂交培育的新品种有鄂莲3号、鄂莲4号、湘白莲1号等。

莲藕的有性繁殖要掌握播种时期，注意选种、催芽、育苗和移苗的技术及方法。

1. 播种时期　莲子播种平均温度15～25℃均可以进行。子莲和藕莲播种一般在春季3～4月，当年即可以采莲或收藕。有的莲区考虑到换种的需要，也在7～8月进行子莲播种，因这时气温高，出芽快，所以育苗时要特别加强管理，而且当年不能结实，只能收到种藕。

2. 选种　应选用充分成熟的莲子，最好是颗粒饱满的新莲子，这是栽植成功的关键措施之一。

3. 催芽　莲子果皮坚硬，因此催芽前必须进行“破头”才易发芽。一般可用钢丝钳或枝剪将莲子的种脐一端破一小口，露出种皮，注意不要碰伤胚芽。将破头的莲子投入15～25℃的清水中浸种催芽，水深以浸没莲子为度。在室温下催芽，每天换水1次，一般3～5天后露出绿色的胚芽，即可育苗。

4. 育苗　首先将水田耕翻、耙平，做好1～1.2米宽的苗床，将露出绿色胚芽的莲子平卧播入泥中，轻轻按下至一莲子深，株行距约10厘米 ×15厘米，而在苗床外面插好竹架，上面用塑料薄膜盖严，整个苗床灌水3～5厘米深。

如在播种盆内育苗，可先在盆内置肥沃的稀塘泥，泥的厚度为盆深的1/2～2/3，同样将催好芽的莲子轻按入泥内，每盆1粒，灌水3～5厘米深，如温度不够，盆外可用塑料薄膜盖严。莲子繁殖初期生长缓慢，因此必须提前1个月在保护地育苗，只有这样才能保证结成有商品价值的藕。

5. 移苗　当莲藕幼苗长出 4 片浮叶时，即可移苗栽植。可以移入缸内或水田内，操作时应带土移植，动作要轻，尽量减少叶梗折损，且移后仍保持 3 ~ 5 厘米水深。大田内移栽密度以每亩植 600 ~ 700 株为宜。

二、莲藕的无性繁殖

1. 无性繁殖方式　无性繁殖是通过母体的营养器官、组织或细胞在适宜条件下分化发育形成独立新个体的途径。莲藕的无性繁殖有整藕繁殖、子藕或孙藕繁殖、顶芽和藕头繁殖、莲鞭扦插、藕节繁殖、“取三留一”和“取四留一”、取大留小、茎尖快速繁殖等方式。

1）整藕繁殖　即采用藕田内上年完整的整枝藕作种，并按照一定的株行距栽下。其栽种的具体方法为：将顶端斜向插入泥中，而尾梢露出泥面。该方法的优点是成活率较高，产量高且稳，操作比较方便，管理也较简单。但在实际生产中用种量大。

2）子藕或孙藕繁殖　子藕或孙藕的繁殖即采用主藕上第 1 节子藕或第 2 节孙藕的整枝藕作种。这种方法相对整藕繁殖而言，可以省种，每亩用种 50 ~ 150 千克，但大面积推广应用就会出现种源不足、越冬田面积增加等问题。为此，须在年前出售商品藕时将具有 2 ~ 3 节藕枝的子藕、孙藕进行越冬储存。具体储存方法是：在挖藕时将具有本品种性状、顶芽饱满、叶芽完好、藕枝无损伤的子藕、孙藕取下，及时储存，切不可露放时间太长，以免腐烂或失水枯死。储存前，在低水田中挖深 30 厘米左右的平底小坑，坑的大小视储存数量而定。然后将子藕或孙藕并排放于坑内，加土轻轻填实，灌水，直至第 2 年 4 月取栽时不断水即可。如遇特冷天气，可用覆盖物保护。目前，这种繁殖方法应用较为广泛。

3）顶芽和藕头繁殖　顶芽和藕头繁殖能保持本品种的优良性状，且能大大降低成本。由于顶芽作种的新植株其叶片分布较为均匀，可以克服整藕作种藕时荷叶集中的不足，提高了光能利用率，有利于增产、增收。整藕通常有 7 ~ 8 个顶芽，繁殖系数较高，但顶芽离开了早期萌发生长所需的自身营养供应基础即储存营养物质的藕枝，因此，在繁殖栽培中的精细管理极为重要。具体繁殖技术要点如下：

第一，将莲藕的地下茎挖出，把顶芽用利刀齐基部切下，假植于苗床中。苗床的培养基可用松软肥沃的田土，也可用硅石或珍珠岩。栽植深度以顶芽微微露出地面为宜，株行距为 3 厘米 ×6 厘米。如果切下的顶芽已开始萌动，节上的不定根也已出现，则假植后很快就可以生根发芽。长途调运，宜用未萌发的芽，以免中途损伤根、芽。栽植时外界的日平均温度必须在 13℃以上，否则生长缓慢，且多病害，故春季气温偏低时，应在有保护的条件下进行育苗工作。

第二，幼苗期的管理，要注意防寒，尽可能把苗床温度提高到15℃以上。幼苗期不可缺水，但也不能灌深水。由于苗期较短，如果以肥土为基质，应补充一些营养液，其配方可参照一般水培营养液的配方，而在浮叶长到3片左右、不定根已露出时即可定植。

假植时，顶芽朝上。不定根幼小的莲鞭和小叶子出现后，即可定植。要求小叶露出水面，不定根埋入泥内，莲鞭的顶芽必须向下且使整条莲鞭横卧泥中。栽培密度要比用种藕作种大一些。

用顶芽作种，生长前期叶面较小、植株嫩弱，要特别注意精心管理，1个月后即可转弱为旺，但生育期推迟，因此提倡用塑料薄膜覆盖，以加速生长。

4）莲鞭扦插繁殖　由于莲藕的地下茎具有生长旺盛、不断分枝的特点，因此可以利用莲鞭的分枝进行繁殖。莲鞭扦插可作为补苗或迟栽所用。这种方法的最大特点就是可以在保证母本藕产量的情况下，将藕的繁殖系数提高4～5倍，甚至7～8倍。莲鞭扦插的优点：①可以延长嫩藕上市时间，对调节菜藕供应有积极作用，且这是种藕繁殖难以做到的。②繁殖系数比种藕繁殖系数高4～5倍，这对节约藕种和加速良种繁育具有重要意义。③扦插繁殖可以缩短从栽植到结藕的时间，扩大农田复种指数。④所结的藕体比较一致，适宜用作种藕，对出口商品藕的规格、包装等方面也极有利。但扦插繁殖生产操作比较繁杂，且对田间生长的母本藕也有一定的影响，相应的配套技术还不很完善。其具体技术要求为：

扦插繁殖的插枝大小应以具有2片直径20厘米左右的展开立叶和两条侧枝为宜，这种侧枝蒸腾消耗不大且有一定的同化能力，能保证侧枝的生长。叶片过大的插枝，蒸腾消耗比中展叶大，且天旱易枯焦，对母本藕生长的影响亦大；未展叶插枝，过分幼嫩；浮叶插枝，定植时其浮叶紧贴泥面，不利于透气和光能利用，从而引起焦枯。

扦插繁殖一般于5月下旬至6月上旬结合藕田转梢进行。如果插枝需要量大，则应先培育母本，而母本选取有较多优良性状的品种。培育时母本场地应接近扦插田，并用薄膜拱棚覆盖，这样可以提前育苗，促进莲鞭生长。

扦插时，插枝的莲鞭与侧枝埋入土中10～15厘米深处，用泥土压实，使其不浮动，以防止损伤。基肥要充足，施用的有机肥需腐熟，以利于植株吸收和发棵。插枝的行株距为2米×1米，若推迟扦插时间，行株距还需缩小，生育期田间的水深保持在10～15厘米。

5）藕节繁殖　藕节繁殖是用具有藕头或顶芽且带有部分莲鞭和少量节间的藕节进行的繁殖。这种方法具有顶芽繁殖和扦插繁殖的某些特点，而不同点在于这种方法可以利用出售商品藕剩下的“废品”，且其管理较粗放一些，成活率也较前两种高，但在生长期从田内取种会影响的生命活动，因此会推迟或错过生长季节，故生产上较少采用这种方法。

6）“取三留一”、“取四留一”的繁殖法　连作莲田可以采用“取三留一”的繁殖方法。即在挖取商品藕时，每隔5米左右的藕田留下1.5米宽的田藕不挖，而作为第2年的种藕繁殖生长，这样可以节省劳力，并能早熟。但在生长期要注意合理调整藕头方向，使其均匀分布于大田，同时加强肥水管理和中耕除草。

晚熟品种且长势较好的藕田，则用“取四留一”的繁殖方法，其基本原理同“取三留一”；而对长势较差的藕田，则采用“取三留一”的繁殖方法。

7）取大留小繁殖法　此法同子藕或孙藕繁殖方法具有相似的特点，不同的是这种方法在藕成熟的当年或翌年春挖取藕出售时，只取较大的藕枝，而留下小藕体，使子藕和孙藕在原田内繁殖。这样，可在短期内收回投资，又为翌年提供藕种，具有较好的经济效益和社会效益。但此法容易出现留种量不足的现象，因此需要补充藕种；挖藕时，容易踩伤或踩断小藕。

8）茎尖快速繁殖　优点是利用组织培养技术可以极大地提高繁殖系数，大大降低生产成本，加速良种的繁育推广等。具体技术要点是：

（1）材料和灭菌　切取无病莲藕的顶芽，清洗干净后用自来水冲洗30分，然后在超净工作台内，先用70%乙醇溶液浸泡2分，再用0.1%升汞浸泡5分，经无菌水冲洗4～5次，用解剖刀剥去外层叶鞘，切取约0.5厘米长的茎尖接种到培养基中。

（2）培养基和培养条件　莲藕茎尖培养效果较好的分化培养基为MS基本培养基+6–苄基腺嘌呤（BA）1.5毫克/升+萘乙酸（NAA）0.5毫克/升+3.0%蔗糖；继代培养基为MS基本培养基+6–苄基腺嘌呤0.5毫克/升+萘乙酸0.5毫克/升+3.0%蔗糖；生根培养基为MS基本培养基+萘乙酸1.0毫克/升+活性炭（Ac）0.15%+5.0%蔗糖；诱导试管藕培养基为MS基本培养基+6–苄基腺嘌呤1.0毫克/升+萘乙酸0.5毫克/升+赤霉素（GA）1.0毫克/升+8.0%蔗糖。以上各种培养基加琼脂6.0克/升，pH 5.8。培养温度为24～26℃，每天光照10小时，光照强度为1 500～2 500勒。

（3）离体快繁与移栽　将外植体接种到分化培养基上，一般1周左右开始转绿，2周左右开始启动，4～6周可长成具有2～4节、4～8个芽的丛生芽。将丛生芽转到继代培养基中继代培养，可以迅速扩大繁殖。此时，如果想得到试管藕，就将丛生芽转到诱导试管藕的培养基中，1个多月后可以诱导形成试管藕；若想得到试管苗，就将丛生芽转到生根培养基中，3周后可以形成具有发达根系的完整小植株。

试管苗生根后，即可进行移栽。移栽前敞瓶炼苗3～4天，而移栽时先取出试管苗并将其洗净，然后栽至装有各种基质的塑料盒中，并加入不同浓度的营养液，盒上覆盖薄膜保湿，4天后昼覆夜敞，15天后完全除掉薄膜。白天光照过强时，还可用遮阳网遮阴，并于傍晚打开。试管苗长出新根时，再移到土中。试管藕移栽较简单，直接栽入土中即可。

2. 无性繁殖的主要选种方法　我国莲藕的种质资源丰富，为无性选种提供了很好的条件。近年来从无性系的优株中选育成的品种有科选1号、鄂莲1号、浙湖1号、武植2号、赣莲85-4、赣莲85-5等。无性选种的方法是：广泛发动莲藕产区的群众，对于产量高、品质好、适应性强、抗病能力强、特早熟或特晚熟等单株，及时报送到有关科研部门或农业主管部门，并进行无性繁殖和推广。

无性繁殖莲藕作物，其选种方法可以采用系统选择法、一次混合选择法和集团选择法。其中最常用的是一次或多次单株选择法。

选种的做法是，在整个生育期中根据植株生长势、抗病性等性状进行选择，插上标记，收获时各单株分别刨出，再根据藕根茎大小、顶芽健壮与否、着藕深浅、有无病害等性状选出若干优良的藕枝。将选出藕枝分别栽植一小区进行鉴定比较，最后选出优良的营养系进行生产鉴定，并扩大繁殖，推广应用。在进行单株选择时，有时还可以从各选出单株中再选优的藕枝，分别编号，分别栽植，进行鉴定比较，从中选出更优良的单枝藕系统。

无性繁殖遗传组成较纯，因此不论采用哪种选择方法，大多数经过一次选择就能得到显著的效果。这类选种最常用的是系统选择法，其次是一次混合选择法和一次集团选择法。

1）系统选择法也称“单株法”或“系谱法”　其方法是从品种的自然群体中选出若干符合选种目标的单株，并对被选中的各单株的根茎分别收获，以后各单株藕的根茎分别设小区栽植并进行鉴定比较。如为一次单株选择，可将中选的小区混合采收，即为一个株系。每个中选的株系作为一个材料，可继续比较其优劣，从中选出最好的株系继续扩大繁殖。由于这个株系的植株是当初一个单枝藕繁殖所得到的后代，故称为一个“家系”或“单系”。

对于比较混杂的品种或该品种个体间在抗病性等主要生物学特性上有明显差异时，为了提高选择效果，可以进行多次单株选择，即在中选株系中再选出更优良的单株，继续进行鉴定比较，直到获得符合选种目标的整齐一致的系统为止。在连续进行单株选择的过程中，各中选株系中除去中选单株外，其余可混合留种藕，作为生产用种。一般情况下，经过 2 ~ 4 次的单株选择即可达到预期的目的，之后中选的株系可混合留种并扩大繁殖。

系统选择法突出的特点是对各中选单株分别进行栽植比较，可以根据后代性状的表现来鉴定，将优良的系统选出来，而淘汰亲代表现虽好但后代表现不良的系统。这种根据后代的表现来测定其亲代植株遗传性优劣的方法，育种上称为“后代测验法”。在选种工作中，后代测验法的应用显著提高了选择效果，因而系统选择法是最常用和最有效的选择方法之一。

2）一次混合选择法　此法是从一个品种的群体中选出若干性状相似的优良单株，并将这些单株的种子混合收获，然后作为一个材料用原品种和标准品种做对照，鉴定混合选择的效果，确定利用价值。

混合选择法的优点是简便易行，容易掌握。其缺点是，由于一开始就混合采种、混合播种，所以无法鉴定各单株遗传性的优劣，如果选种标准不严格，往往选择效果较差。

3）一次集团选择法　当品种混杂比较严重，并且包含着几个显然不同的类型时，可以按照性状的不同如植株高矮、果实形状、颜色不同和成熟期早晚等选出几个不同类群即集团。每个集团中的各中选单株混合收获、混合栽植于一小区，各集团分别采收、分别栽植，并以原品种和标准品种做对照，进行鉴定比较，从中选出优良的集团。

三、建立良种繁育制度和基地

建立良种繁育制度和基地是将蔬菜种子生产纳入社会化、科学化轨道，尽快实现生产良种化和标准化的关键措施，同时也是加速推广杂种一代的主要保证。它便于有组织、有计划地搞好亲本材料的选育、繁殖和杂交制种。为了防止品种退化，不断提高育种水平，确保种藕的高质量，应将品种按照种性的状况分为不同的等级，然后按一定的程序将各级种藕分别繁殖。通常有两级繁育制度和三级繁育制度。

两级繁育制度包括品种复壮圃、原种圃和生产用种圃。三级繁育制度包括品种复壮圃、原原种圃、原种圃和生产用种圃。复壮圃产生复壮种藕。复壮种藕用来繁殖原原种或原种，在原原种藕圃内要继续优中选优，精选出少量种藕继续繁育原原种。原原种藕圃采得的其他良种可用来繁殖原种。原种圃采得的种藕即用来繁殖生产用种。分级繁殖时，各个圃地要进行空间隔离，以保证原种的种性。如果空间隔离有困难，可将原种圃设在生产用种圃的中央，保护原种不与其他品种杂交。按照这样的程序建立良种繁育制度，原原种圃和原种圃坚持代代选种，有利于品种特性的不断提高，而且使良种选育、品种提纯复壮和繁殖生产用种有机地结合起来。建立良种繁育基地和繁育制度便于有组织、有计划地搞好亲本材料的选育、繁殖和杂交制种。

四、良种繁育技术

搞好良种繁育工作是保证品种纯度，保证为生产者持续提供优良种苗的重要保障。技术上，除建立完善的良种繁育体系外，要严格做好选择和隔离工作。另外，还应配备强有力的良种繁育技术人员。

1. 隔离措施　原原种圃和原种圃采用砖砌水泥墙隔离，隔离墙深 1 ~ 1.2 米，每块田大小不超过 1 亩。生产用种繁殖要求不同品种间相距 10 米以上。同一田块连续几年用作育种时，只能繁殖同一个品种。若需更换品种，则田块必须旱作 3 年以上或种植其他作物 3 年以上，否则，另择新田繁殖。

2. 去杂防杂技术

1）去杂的时期与方法

（1）定植前　对于连作藕田，常有上年采挖未尽的藕枝或藕芽于春暖后萌发藕苫，要结合整地、施肥等工作及时挖除。繁种田可略微推迟定植期，以尽量除尽上年残留的植株。该项工作一般在 4 月上中旬前完成。

（2）生长期　结合田间管理，对于花色、花形、叶形、叶片大小等性状明显有异的单株及时挖除。封行前，凡不是由定植穴内种藕长出的植株，均应除净。在连作田中，若有明显的小叶植株，则可能是实生苗或上年遗留藕芽萌发的植株，也应该及时拔除。品种繁殖田，要随时摘除花蕾和莲蓬。此项工作重点在 5 ~ 6 月进行，除了结合田间农事管理进行外，对原原种圃和原种圃每 10 ~ 15 天应下田巡查一遍。

（3）枯荷期　同一品种、同一田块的枯荷期大都一致。进入枯荷期后，若同一田块内仍有个别植株保持绿色，则可能是实生苗长成的植株，或混杂了熟性更晚的品种，或由上年遗留藕芽长成的迟发株。对这些植株应一律挖除。

（4）采挖期　种藕采挖时，对藕枝入泥深浅、藕皮色、藕头与藕条形状、腹沟、背形、芽色、子藕着生方式等留心观察比较，剔除不符合本品种特征的藕枝。对于有病的藕枝也应予以剔除。为做好此项工作，采挖种藕前要对采挖工人进行培训，详细介绍不同品种的特征，使他们能熟悉并掌握区别不同品种的主要特征。

2）种藕选留

（1）原原种　繁种田从原原种圃中选留，逐枝选择整藕，要求具有品种固有的典型特征，不带病。每年定植前，对同一批次入选的种藕抽样考种备案。

（2）原种　繁种田原原种田中生产的种藕，待选留原原种田用种藕和去杂后，剩下的种藕用作繁殖原种。

（3）生产用种　繁种田从原种田内选留种藕，纯度要求在97%以上。生产用种繁殖田所用种藕亦可直接取自原原种繁殖田。生产用种田繁殖的种藕供应大田生产，其纯度要求达到95%以上。必要时，原原种田、原种田内繁殖的种藕亦可直接用于大田生产。

3）种藕的储藏与运输　目前，种藕均采用留地储藏越冬，直至翌年3～4月。一般要求随挖、随运、随栽，带少量泥，从采挖到定植以不超过10天为宜，且需浸水保存。运输时实行一车一品种，若需不同品种混装，则用稻草等隔离、标记。需长时间长途运输者，或较长时间储存者，则应清洗、消毒、包装，一般可保存45天以上。在储运过程中，要轻拿轻放，勿伤藕芽，防止混杂及暴晒。

第四节　沙地莲藕的设施栽培技术及莲鱼共养技术

沙地莲藕是指在保水、保肥的固定设施中生产出的莲藕。实践证明，科学种植沙地莲藕，已成为农民致富的新途径。

一、沙地莲藕生产的特点

沙地莲藕（又称沙地节水莲藕）是一次投入，多年受益的高投入、高产出的科技致富项目，也是典型的“一优双高”和生态环保型农业项目。与我国南方传统方式生产的莲藕相比，沙地莲藕生产有以下6个显著特点：

1. 经济效益高，社会效益好　莲藕平均单产一般在3 000千克/亩左右，产值可达3 000元/亩以上，是南方传统生产方式的1倍以上。发展沙地莲藕可使农民增收，促进农村经济发展，其栽培技术操作简单、易掌握，经济效益高，是广大农民致富奔小康的好项目。

2. 产品品质好，市场竞争力强　利用节水设施在沙地栽培，生产出的莲藕外形圆润，皮薄细白，脆甜且食后无渣。栽培所用水源一般为井水，水质好，无污染。在生产过程中一般不使用农药，就能够满足绿色食品生产的要求，具有较高的商品价值和较强的市场竞争力。

3. 节水、节肥、省工　节水莲池不漏水、不漏肥，水面蒸发和叶茎蒸腾量小。有利于节水栽培，莲藕一生用水量是实现农业可持续发展的重要措施和途径。沙地莲藕一般情况下一生中需人为灌水 2 ~ 3 次，总水量为 250 ~ 300 米^3，因此，通过节水设施栽培可有效减少地下水用量，对我国北方旱作区农业生产具有十分重要的意义。莲藕生产过程中用工较少，平均每亩藕田年投工仅 25 个，其中栽植、挖藕约需 20 个，其他需 5 个左右，其中挖藕可从 9 月中旬持续到翌年 4 月上旬，采收期不集中，可使农业劳动力从农田中解放出来从事其他产业。

4. 易于进行调控栽培　节水莲池为莲藕生长创造了一个半封闭的环境，十分有利于人为调控水肥，实现高产栽培。同时，还可根据市场需求，选用不同品种，或采取不同的设施（如扣棚、覆膜等）和种植密度，生产出不同规格、品种的产品及反季节产品，满足不同的市场需求。

5. 延长生物链，生态效益好　在莲藕生长期间，藕池蓄水达 200 天（4 ~ 9 月），改变了沙区地面裸露状况，起到了防风、固沙、除尘的作用，净化了空气，调节了小气候（温度、湿度），改善了生态环境。莲池之间可架葡萄长廊、禽舍，还可实行莲、鱼同池立体种养，从而拉长了生物链，提高了光、热、水、空间等自然资源的利用率，实现了生态环境的良性循环。

6. 综合开发效益好　可结合本地的区位、文化优势，通过科学规划，以莲池为主，配之以经济林、观赏林，并辅之以食、宿、娱乐设施，发展成为集旅游、观光、休闲为一体的绿色观光农业，实现以节水莲藕为纽带、多业并举的农业发展格局。

二、沙地莲藕高产高效的原因

1. 水浅、土浅　水浅可提高水温，土浅（15 ~ 20 厘米）莲藕生长不受土层挤压，藕茎膨胀迅速，藕粗大，产量高。

2. 光合作用好　水浅、土浅，阳光能直射到土层，光合利用率高。

3. 水肥无流失　莲藕是喜肥的作物，新型沙地节水藕池池底和四周均铺塑料防渗膜或水泥，保证莲池不漏水，不仅节约了用水，而且池中的肥效利用率也高，肥料基本全部能被莲藕吸收。

4. 不受地形的限制，可以节约耕地　因为浅水藕是种植在水泥池或“移动藕池”，所以即使没有池塘条件的旱地，也可以发展浅水藕。甚至可以充分利用村头巷尾废弃不用的土地，使之变废为宝、合理利用。

5. 一次投资，经久耐用　虽然浅水藕池需要一定的投资，但是建好后的藕池，使用年限能达 10 年以上，属于一次投资，多年受益。

6. 管理方便　在莲藕整个生育期内很少发生病害，只需防治 2 遍蚜虫。两人两天就能追施 20 亩肥。一个人一天可种 3 亩藕。起藕方便，使用水枪打即可。使用挖藕机一天能起藕 3 000 ~ 5 000 千克。种植沙地莲藕，一人能管理 20 亩藕田。

三、沙地莲池的类型与特点

沙地莲池有以下 6 种类型：

1. 砖混结构型　莲池墙体四周及池底全部使用混凝土砌建，建造速度快，质量高，保水保肥效果好，且经久耐用，可长达 10 年以上，便于规模开发，形成规模效益，但投资较大。

2. 塑料薄膜型　莲池墙体四周及池底全部使用塑料薄膜铺垫。该类型投资小，简便易行，适宜面积小、不易规划、不便于机械施工的地块，或资金缺乏但劳力充足的农户，施工量主要由人工完成。但在人工田间操作时易损坏薄膜，使用寿命较短，一般为 3 年左右。

3. 塑料薄膜、砖混结构型　该类型又分 2 种：一种是池四周墙体用砖混结构，池底用薄膜。另一种是池底用薄膜，四周墙体先垫一层薄膜，然后再压一层砖。

4. 四六灰（石灰）土混合型　池四周用砖混结构，池底用“四六灰土”（即按白灰 4 份、黏土 6 份的比例掺和成的混合土）垫底，该类型适合在土壤基础较为黏重的地区，较砖混结构造价稍低，使用期可达 8 年。

5. 莲鱼共养型　在以上莲池的基础上，在池底建造用于鱼类活动栖息的鱼沟、鱼窝，实现莲、鱼共养，提高经济效益。

6. 砖混、拱棚复合型　是在砖混结构、莲鱼立体共养的基础上加盖拱棚改造而成，实现莲、鱼立体共养及其他蔬菜的反季节栽培。

四、沙地莲池的规划与建造

1. 田间规划　沙地莲藕生产的田间规划是指在规模生产的情况下，对沙地莲池进行科学规划，对田间道路、池间间距、供排水系统进行合理安排，以保证莲藕生产、运输顺利进行。否则，会造成田间运输、供排水不畅，生产管理不便等。道路包括主干路和生产路，主干路宽 8 米，生产路宽 5 ~ 6 米，以能对开一般农用车辆为宜；池与池之间应保留 2 米左右间距，利于通风并兼作管理走道。每个莲池应临田间路留 2 个 20 厘米 ×30 厘米排水口。在生产路中间建排水沟，供排水系统可根据具体情况设置，只要能顺利供水即可。

沙地莲池的规划要力求靠近水源、排水方便且交通便利的地方，要集中连片，形成规模，便于灌溉、运输、田间技术指导和管理，以便就地形成销售市场，节约销售成本。

合理规划不但方便生产管理，解决供排水问题，而且有利于通风。

2. 莲池建造　沙地莲池是生产的基础，其质量好坏直接关系到沙地莲藕生产的成败，所以建造过程中一定要保证池的建造质量，不论采用何种材料、方法建池，必须保证不漏水、不渗水。建造时间可选在冬季封冻前和春季开冻后进行。具体时间在 10 月下旬到 11 月下旬，此期秋收、秋种已经结束，劳力充足，未上大冻，建池成本低、质量好；翌年 3 月初到清明节前，此期已解冻，建成后即可适时栽培。莲池建造主要有以下几种：

1）砖混结构型　按照规划选好地块后，先测出池址四角水平，用挖土机挖出长 33 米、宽 20 米、深 60 厘米的池子，整平夯实，四壁整齐，将水泥、石子、沙子按 1 ∶ 3 ∶ 4 比例加水搅拌成混凝土，平铺池底，厚度以 5 厘米为宜。然后碾压直至出浆，磨平，待凝固后在其上四周砌高 80 ~ 100 厘米、宽 12 厘米的砖墙，内侧用水泥沙灰粉面，墙体凝固后向池内放水 20 厘米深检验是否漏水，若 2 天内水位下降不超过 1 厘米即可认为不漏水，然后向池内填土 60 厘米。每亩池子用砖 7 000 块，水泥 7 吨，石粉 35 米 ^{3} 或石子 15 米 ^{3}，沙子 20 米 ^{3}。

2）塑料薄膜型　选好地块后先测出池址四角水平，然后沿四周下挖 50 厘米，把挖出的土沿沟外沿垒成高 30 厘米、宽 50 厘米的土埂，并夯实。为防止土埂塌方，应稍向外倾斜，然后从一边下挖深 50 厘米、宽 2 米的槽，在槽内和墙体上铺薄膜，再挖第 2 槽，将第 2 槽土堆在第 1 槽的薄膜上，依次循环，待最后一槽铺上薄膜后，再把第 1 槽的土填进去。建造该池的要点是：地基要夯实，薄膜要选 0.08 ~ 0.1 毫米、宽 7 ~ 8 米的优质薄膜，薄膜连接处要重叠 20 厘米，并用塑料快干胶粘牢。

3）塑料薄膜砖混结构型　一种方式是池底用 0.08 ~ 0.1 毫米薄膜，池四周用砖混结构，用水泥沙灰粉面。另一种方式是池底用第 1 种方式，四周墙体外侧垫一层薄膜，内侧用砖混结构。

4）四六灰（石灰）土混合型　先将池内的土深挖 50 厘米运出，然后按白灰 4 份、黏土 6 份的比例掺和成混合土，加水 20%，达到适宜湿度（手握成团，落地即散），在碾实的地基上铺 10 厘米的四六灰碾平轧实，池四周用砖垒砌，等池底灰土钙化干燥后，经渗水试验后回填 50 厘米土层。

5）莲鱼共养型　莲鱼立体共养模式是根据生态学和生态经济学原理，充分利用时空资源以及生物之间相互依存、相互促进的关系，组成复合高效生态系统。一方面，莲藕立叶、花朵为鱼类提供较为阴凉的水域环境；另一方面，鱼类在水中觅食可清除水中藻类、昆虫等，利于莲藕生长，从而延长生态链，达到种、养双丰收。在莲池的建造上，只需在原来砖混结构型莲池的池底建造用于鱼类活动、栖息的鱼沟、鱼窝即可，其面积以占池底面积 10% ~ 15% 为宜。鱼沟呈“田”、“井”或“十”字形，沟宽 1 米，深 0.5 ~ 0.6 米，鱼窝则 2 米见方，沟、窝要相连通，便于鱼类生长活动和集中投喂饲料，莲池进、排水口要对角设置，并加设网栏，防止排水时漏鱼。

6）砖混拱棚复合型　该型是在砖混结构池和莲鱼立体种养的基础上改进而成。即将藕池建成宽 10 ~ 20 米、长 30 米左右的池子，其上架拱棚（每年寒露后至翌年清明前架棚覆膜），这样可以莲池为载体实现一年三种一养四收（藕、鱼、冬春两茬菜）。

五、沙地莲藕栽培技术

沙地莲藕种植技术经过几年的发展，已成为节水、省肥、产量高、管理方便、效益好的种植模式。特别适合缺水地区使用，它具有节省土地、节省水源、管理简便、投资少、风险小、见效快的特点，一次投资多年受益。通常每亩产商品藕 2 500 ~ 3 500 千克，收入 5 000 ~ 7 000 元。其主要栽培技术如下：

1. 藕田的选择　种植沙地节水莲藕应选靠近水源、排水方便且交通便利的地方，要集中连片，便于灌溉、运输、田间技术指导和管理。

2. 平整土地　莲藕栽植前要平整土地。整地要求深耕多耙，做到田平、杂草净。因为莲藕的莲鞭和藕都蔓延土中，土壤疏松有利于其生长，所以莲藕生长在 50 ~ 70 厘米松软的土层中，可以提高品质，如过深会造成采收困难。栽藕前半月再进行 1 ~ 2 次浅耕，耕深约 20 厘米，并反复耙透、耙平，耙后清除杂草，整平地面，以免灌水后藕田深浅不一。

3. 合理施用基肥　莲藕生长期长，植株庞大，需肥量大，而且不宜施用速效氮肥（以免引起植株徒长），所以必须以基肥为主，而基肥以有机肥料为主，磷、钾肥配合，基肥约占总施肥量的 70%。基肥应施足，通常结合整地先后施入，一般每亩施用充分腐熟的优质有机肥（农家肥）2 500 ~ 3 000 千克，以及硫酸钾型三元复合肥 40 千克，有条件的还可再施入饼肥 100 千克，多施堆肥可以减少藕枝附着的红褐色锈斑。

基肥以分次施入为好，这样有利于肥料利用率的提高及满足莲藕整个生长期的营养供应。第 1 次施基肥应结合冬季深耕普遍撒施，然后再进行翻地，这次施肥量占总基肥量的 60%；在栽藕前半月施用第 2 次基肥，以撒施为宜，同时应结合施肥浅耕 1 次，这次施肥量占剩下基肥量的 20%；在栽藕时即进行第 3 次施基肥，并集中施入栽植穴内，使肥料与土壤充分混合，施肥均匀。冬季和初春地温高、气温低，肥料在土壤里经微生物活动分解，肥料再次熟化，提高了肥效，更好地改善了土壤团粒结构，疏松了土壤，有利于莲藕的生长。

4. 种藕的准备

1）莲藕品种和种藕的选择　农作物品种一般都有一定的适应地区，沙地栽培的莲藕可根据栽培要求，因地制宜，就近选择适宜的浅水藕品种。如在郑州市郊区栽培，可选择鄂莲 5 号、鄂莲 7 号等品种。

栽藕前精选种藕，是获取莲藕高产的一项有效措施。种藕从田间挖出时常有创伤藕枝和碰掉藕芽的现象发生，而远途调运种藕，其损伤更严重。因此，栽植前对种藕必须认真挑选。栽植前从留种田挖取种藕，要认真选取藕枝粗壮、整齐、节细、芽旺，顶芽、侧芽无损伤、无病虫害，具有本品种特征的一年生藕作种藕。如果种藕上的小叶已抽生出来，则应选择放射叶脉多达 22 条以上者作为优良种。而选择藕大、健壮、节短的种藕，其储藏养分充足，又具有生命力旺盛的芽，不仅有利于将来出的幼苗生长健壮，而且还是保证莲藕植株生长旺盛的基础。作种藕的全枝藕、母枝藕、子藕、藕头和小藕各有不同的标准，具体要求如下：

（1）全枝种藕的标准　每枝藕具有 3 节完整的藕，并带有 1 ~ 2 条子藕，且其子藕必须同母藕在同一侧方向生长，这样可使抽生的莲鞭有规则地伸长。每枝种藕不少于 0.75 千克，要求符合本品种特征，母藕及子藕的顶芽无损伤、无病虫害。

（2）不带子藕的整枝母藕的标准　每枝藕具有 2 ~ 3 节，顶芽健壮、无伤，后把节较粗，藕枝必须粗壮、整齐、色泽光亮、节细，重 0.5 千克以上，无病虫害，并具有该品种特征的即可作种藕。

（3）子藕作种藕的标准　要求子藕必须粗壮，至少有 2 节以上充分成熟的藕枝，顶芽无损伤，其他芽也要活力旺盛，每枝子藕重为 300 ~ 400 克，否则种藕发芽力弱，影响侧鞭数及产量。选出的子藕要按大小分区栽植，以使其生长整齐一致。

（4）藕头、小藕作种藕的标准　要求具有 1 节藕枝的藕头或小藕，重为 200 ~ 400 克，藕头健壮，顶芽旺盛，无损伤，符合该品种特征的即可作种藕。藕头或小藕作种藕可节约用种量，降低生产成本，而其产量不低于全枝藕作种藕的产量，因此是栽植的重要增效措施。

2）种藕处理与分级　莲藕栽植时，种藕最好是随挖随选随栽。挖藕时要注意不能挖破藕节和藕枝，以防泥水由伤口灌入藕中而引起腐烂。种藕挖出后，首先进行挑选，选择具有本品种特征、后把节较粗、皮质光滑、充分老熟、藕芽完整的藕枝作种；并在种藕第 2 节节把后 1.67 厘米处切断，切忌用手折断，以防泥水灌入藕孔而引起腐烂。然后按种藕的大小分区栽植，以便管理。如果从外地引种，种藕必须带泥不洗，储运时堆高不宜超过 1 米，其上用洁净的稻草或草苫覆盖，用喷壶喷水以保持湿润；在运输过程中，要做到轻装轻运、轻提轻放，防止碰伤或折断芽头，贮运时间不能超过 45 天。同时要防止遭受酒精、硫酸和二氧化硫等具刺激性气味的物质侵袭，以防伤害种芽。种藕运到目的地后，应抢栽下田，不宜在空气中久放，以免芽头干萎；当天栽植不完的种藕，应洒水保存或覆盖保湿。

3）种藕催芽　挖出种藕时，如果遇到早春低温时节，为了使莲藕能继续生长，可先在室内或草棚内催芽。催芽栽植，一般适用于提早栽藕，早熟品种一般采用先催芽后栽植，这样可减少由于栽植时间过长、温度低而造成的烂芽缺株，提高成活率。催芽的方法是：在断霜前 20 天左右将选好的藕种堆放在室内或草棚中，堆高 150 厘米左右，上下盖、垫稻草或草席，经常洒水，保持一定的湿度。催芽温度应掌握在 20 ~ 25℃，保持一定的温度和湿度，经 20 天左右，待顶芽长出约 10 厘米、天气晴好时，即可进行栽植。

5. 栽植

1）栽植时期　适时栽植是提高莲藕产量和质量的重要一环。莲藕要求高温、多湿的环境，主要在炎热多雨的季节生长，在炎热干燥或气候冷凉条件下则生长不良。种藕发芽的气温在 12 ~ 15℃，地温在 8℃以上，池内水温保持在 5℃以上；生长期适宜气温在 23 ~ 30℃；藕的肥大期以 20 ~ 25℃为宜，且要求昼夜温差大。如莲藕栽植过早，水温、土温都较低，则不利于其发芽，种藕易烂；栽植过迟，茎芽过长，栽植时易受损伤，定植后恢复生长慢，生长期偏短，也不易获得高产。因此，莲藕栽植要适时进行，一般宜在断霜后，清明至立夏时期，将已萌芽的种藕进行栽植。具体栽植时期因地区和品种等不同而异。河南省郑州市郊区在清明至谷雨（4 月 6 ~ 21 日）栽植，最迟不超过 5 月上旬。

2）莲藕栽植密度和用种量

（1）栽植密度　莲藕的栽植密度因品种、土壤肥力条件、栽培形式、收获供应时期不同而有差异。一般早熟品种比晚熟品种稍密，早种早上市比晚种迟上市者要密。从各地栽植莲藕的经验看，其栽植密度差异很大，一般莲藕栽植行距为 2.0 ~ 2.5 米，株距为 1.5 ~ 2.0 米，每亩栽 350 ~ 400 穴，每穴排放母藕 1 ~ 2 枝，如用子藕则每穴排放 2 ~ 4 枝，每亩需种藕 350 ~ 400 千克。

（2）用种量　莲藕用种量应根据莲藕栽植密度而定。用种量一般以种藕重量来计算，但这种计算方法不十分科学，以藕头来计算则比较切合实际。一般早藕每亩要栽藕头 600 ~ 700 个，晚藕每亩需栽 300 ~ 400 个藕头。采用整藕或母藕作种藕的优点是早熟、产量稳定，不足之处是用种量太大。如采用子藕、藕头、藕节作种藕，可节约种藕 70% ~ 80%，其中藕头、子藕作种藕效果较好，其产量、质量均不低于用整藕作种藕。

3）栽植形式　栽植的形式多种多样，但不论是栽植莲藕或子莲，栽植时原则上一般要求田块四周留空头 1 米，边行藕头一律朝向田内，以免莲鞭伸出埂外。各行种藕位置最好相互错开成梅花形排列，以便于将来藕鞭和叶片在田间均匀分布，以利于增产。双枝定植的藕头相对平行排列；单枝定植的从左右两边开始，且两边藕头都向中间排放，到最中间的两行的行距要放大，俗称“对厢”。

莲藕栽植方式有的朝一个方向，有的几行相对栽植，但各株间以三角形的对空排列较好，这样可使莲鞭分布均匀，避免拥挤。但栽植时四周边行藕头都应一律朝向田内。

有的植藕区采用交互或错窝的栽植方式，即一株向南另一株向北，第 2 行插第 1 行的空隙，使其分布均匀。栽植藕田边沿时，藕头也应一律向内，以免走茎钻出田埂。

留种田可根据不同的品种，依其所要求的距离选留种藕苗，使其继续生长，而其他藕则全部采收。留藕地出苗早，不需缓苗，因此在一定的年份较新栽藕田早熟且高产。

4）莲藕栽植方法　田藕的栽植，可先按预定的行株距、藕头的走向，把种藕分布在田面，边行离田埂 1.5 米。栽植的深度以不漂浮或不动摇为适，一般深 10 ~ 13 厘米。莲藕栽植方法有以下几种：

（1）斜栽露尾法　按一定距离扒一深 13 ~ 17 厘米的斜形浅沟，将种藕藕头与地面倾斜 20° ~ 30° 埋入泥土中，藕尾稍微露出泥面，以利于阳光照射，提高土温，促进萌芽。

（2）平摆法　方法是将种藕水平埋入泥土中，覆土 10 ~ 13 厘米厚，以利于生根，并将顶芽压紧，防止浇水后种藕浮出水面。栽后的种藕易因风吹而摇动，故栽后要经常检查，如有漂动，需重新栽植。

（3）坑埋法　种藕较碎，一般小藕多采用此法。按行株距挖坑，每坑埋带顶芽的小藕 3 ~ 4 枝，重 2 ~ 3 千克，藕头相互错开，压泥埋土 10 ~ 12 厘米厚。

6. 藕田的管理　为了获得高产和优质的产品，在栽培管理上，必须尽量满足莲藕各个生长时期对外界环境条件的要求。莲藕在生长期，田间管理主要有调节水位、追肥、中耕除草、调整莲鞭、摘浮叶、折花蕾、打老叶、防风等技术措施。

1）调节水的深度　莲藕虽是水生经济植物，离不开水，但水也不能太深。一般藕田不可断水，若缺水则会干死。水的深浅能影响水温和地温，所以要按莲藕不同生长发育时期来调节水的深浅，以满足莲藕生长发育的需要。莲藕不同时期对水温的要求不同。如水温在 15℃以下时，种藕的生长停滞，而莲藕生长发育最适宜温度为 21 ~ 28℃，水温过高则不利于莲藕生长。因此，莲藕灌水深浅，应根据植株生长情况及天气变化而定。藕田水位管理原则是：水层深度前期浅，以利于提高地温、加速成活、促进萌芽；中期深，有利于莲藕生长；后期又浅，因此时水深会延迟结藕。

藕田调节水深浅的具体做法是：在莲藕栽植初期应保持 3 ~ 5 厘米深的浅水，使土温升高，以利发芽；栽植后 15 天内水深以不超过 7 厘米为宜。随着植株的生长，出现立叶 2 ~ 3 片时，水深加深到 10 厘米左右，再随着气温的升高，水可逐渐加深到 12 ~ 20 厘米，以促进立叶逐张高大，并抑制细小分枝发生。水太深则植株生长柔弱，太浅会引起倒伏。后期立叶满田并开始出现后把叶时，应在 2 ~ 3 天内将水深落浅到 10 厘米左右。结藕期以浅水 5 ~ 10 厘米为宜，则利于结藕。农谚有“涨水荷叶落水藕”的说法，就是说在开始结藕时，水不宜过深，以防促进再长立叶，延迟结藕。最好能日排夜灌，白天排到深 5 厘米左右，夜间灌至 12 ~ 15 厘米深。在枯荷后挖藕前，如留种到翌年，应保持一定深度的水层，以防土壤干裂或在寒冬冻坏地下茎；同时可避免干田后土块变硬，难以挖起。

总的要求是：整个生长期在灌水时都要注意，水不能猛涨且淹没立叶。水淹没立叶后，即使水能在 1 ~ 2 天内下降，也会造成减产。如淹没时间过长，就会使植株死亡。如遇强烈大风天气，可适当加深水位以保护荷叶，但不能淹没立叶。

2）追肥　在莲藕旺盛生长阶段的前半期，地下茎和立叶迅速增长时，应追施一定量的肥料。莲藕喜肥，一般以基肥为主，基肥约占全期施肥量的 70%，追肥约占全期施肥量的 30%。对氮、磷、钾的需求比例约为 2 ∶ 1 ∶ 2。在基肥足的情况下，只需追肥2次。第1次追肥应在莲藕生长出2～3片立叶时进行，以促进植株旺盛生长，俗称提苗肥，一般每亩施人粪尿1 000～1 500千克或撒施硫酸钾型三元复合肥30千克或尿素20千克。在结藕时进行第2次追肥，俗称催藕肥。即莲藕生长出6～7片立叶时，莲藕进入旺盛生长期，应重施追肥，一般每亩施人粪尿2 000～3 000千克、复合肥20千克，或施尿素20千克加过磷酸钙15千克。缺钾土壤还应补施硫酸钾15～20千克。如有条件，也可增施饼肥或黑豆100千克。早熟栽培一般只施2次追肥。

在基肥不足的情况下，一般要进行3次追肥。第1次追肥多在莲藕栽植后25天左右、莲藕长出1～2片立叶时进行，一般每亩追施人粪尿1 000～1 500千克或在藕头下塞青草作绿肥；第2次追肥多在栽植后40～45天，当莲藕生长出2～3片立叶并开始分枝时，每亩追施人粪尿1 500～2 000千克、复合肥20千克，这次追肥量大，以促进旺盛生长，为丰产打下基础；第3次追肥在第2次追肥后15天左右，生长仍不旺盛时进行，一般每亩追施人粪尿1 000～1 500千克、硫酸钾15千克。

追肥应采用穴施和撒施相结合的方法。如追施饼肥、黑豆等有机肥时，可结合晒田进行穴施，一般施入泥土10厘米左右深处；追施化肥时则采取撒施，注意一定要从叶下撒入水内，防止把化肥撒到叶片上而烧坏叶片，从而影响光合作用。追肥应选晴朗无风的天气，在田间露水干时撒施，不可在烈日的中午进行追肥。每次追肥前应放浅水，以便让肥料吸入土中，然后再灌至原来的水位，每次追肥后泼浇清水冲洗荷叶。莲藕施肥可结合中耕除草，一般在中耕前追肥，追肥后通过中耕使肥土充分混匀，以利根系的吸收。

3）中耕除草　杂草是莲藕生长中的大敌。在大面积藕田内，极易生长莎草、半夏、稗子、芦苇及苔藓类等杂草，应及时拔除，防止草吃莲，以免影响莲藕生长。种藕栽植后15天左右出现浮叶时就要开始除草松土，而在封行前要随时除掉杂草。中耕除草的次数应根据莲藕的生长情况和杂草的多少而定。新藕田、晒田或短期缺水的藕田，更容易引起杂草丛生，要及时中耕除草，以达到保墒，防止地皮龟裂，保证莲藕正常生长，不致因暂时缺水而影响产量。在杂草多的情况下，每10天左右除草1次，以保持藕田水面的清洁，同时也起到松土的作用。在每次除草时应放浅水，用脚轻踏一遍，将除掉的杂草随即埋入泥土中沤烂作绿肥。在杂草不多的情况下，中耕除草一般只进行2～3次，直至荷叶布满水面为止。地下早藕已开始结藕时不宜再中耕除草，以免碰伤藕枝。因此，应加强藕田巡视看护，防止人、畜下田碰伤莲藕。中耕除草时应注意在卷叶的两侧进行，勿踏伤藕鞭，同时也应防止折断荷梗。七八月，藕田中会出现大量的苔藓，而这些苔藓既消耗养分，又影响地温的提高，要及时捞出处理。

另外，藕田杂草防除也可在杂草萌发前施用除草剂。应在藕栽植7天后气温在25℃以上、水温稳定在20℃时，选用60%丁草胺乳油每亩75～100毫升，对水50升喷雾，或拌细沙土30千克撒施；或用12%噁草酮乳油125～150毫升，均匀喷洒在水面上。施药时，一般应保持3～5厘米深的水层，并维持药水层5～7天，然后再进行正常水层的管理。注意在早春水温低于20℃，阴雨天时不宜施药，并且在水层管理上切忌串灌，以免发生药害。

4）调整植株　莲藕的植株调整工作包括转藕头、摘老叶、曲折花梗等。

（1）转藕头　种藕栽植后不久便开始抽生莲鞭，并分枝发叶，有的莲鞭向田边伸展，须随时将其转向田内。如田中的莲鞭过密，也可适当转向较稀疏的地方，以使莲鞭在田中分布均匀，增加产量。这被称为转梢或转藕头。

a.转梢时期。从植株抽出立叶和分枝开始，到开始结藕以前，应定期转梢。转梢次数依据植株的生长情况而定，如靠近田埂的莲藕，成活后即须进行转梢，每月需转梢1次。夏至、立秋为植株旺盛生长期，莲鞭迅速生长，当卷叶离田边1米时，为防止藕梢穿越田埂，结合每次除草随时将靠近田边的藕梢向田内拨转。在生长旺盛期每隔2～3天应转梢1次，一般共需转梢5～6次。

b.转梢的方法。可根据莲藕最前端一片卷叶卷折所朝的方向来判断新梢的位置。先将梢部下的泥土挖去，再按拨转方向挖沟，然后用手将莲鞭托起调整方向并埋入泥土中。注意不要硬拉，以防止莲鞭折断。尚未开展的卷叶，一般情况下，叶片抱卷的方向也就是走茎前进的方向，转梢时要注意顶芽和侧芽的方向，以免侧芽伸出田埂。转梢宜在晴天下午进行，因此时莲鞭经阳光照射后其水分蒸发很多，莲鞭比较柔软而不易折断。转梢后可在叶片上撕一小缺口作为标记。

（2）摘浮叶、黄叶、老叶　当藕叶布满藕田时，须将遮蔽在立叶下层的浮叶摘除，因它得不到充分的阳光，不能进行同化作用，反而还会呼吸消耗养分。另外应将变黄、衰老的早生立叶和枯叶等及时摘除，以利于藕田通风透光，同时又能使阳光透入水中提高水温、地温。但前期浮叶尚能进行光合作用制造养分，因此不宜过早摘除。一般健壮的立叶不可摘除，否则会影响产量。叶子摘下后可踩入泥中作为肥料。如新藕已充分生长成熟，叶片尚完好，可采下叶片晒干，供包装或制作工艺品用。

（3）曲折花梗　在莲藕栽植中，为减少开花结子消耗养分，现蕾后可将花梗曲折，但不可折断，以防止雨水自断处进入底部藕内而造成烂藕。

5）防风和蓄水　莲藕叶片很大，叶梗细，容易被风吹断。莲藕要求适宜的空气湿度。有的藕农采取每天早晨向荷叶上蓄水的办法来增加空气湿度，能有效地促进藕的生长。如不采用蓄水法，则莲藕生长缓慢，分枝少，以致影响其产量。不过在成藕阶段，不宜雨水过多，否则地下走茎会继续生长，这样不仅缩短了成藕时间，而且会造成产量降低。

六、沙地莲藕反季节与双季节栽培技术

莲藕反季节栽培是利用大棚增温，提早栽植，充分发挥温、光、水、土资源优势，达到增加积温，加快莲藕生育进程，提高产量、提早收获，获得较高效益的目的。一般3月上旬栽植，6月中旬即可采收上市，此时正是市场鲜藕供应断档期，莲藕价格较高，其高价位可一直持续到7月底8月初，这阶段可陆续采收上市，以获得较高效益。还可利用沙地腾茬较早，温、光条件仍较好的时机，以节水莲池为载体，采用“浅水藕—夏季耐热叶菜—秋延后果菜—冬寒菜”栽植模式，实现一年四种四收，或采用“早熟藕、鱼、冬春菜”混种混养模式，实现一年三种一养四收，每亩收入可达万元以上。

（一）莲藕反季节栽培技术

1. 莲藕反季节栽培的生育特性　莲藕从露地进入大棚后，温、光、热、气等小环境发生了变化，莲藕的形态特征和生长特性也将发生明显的变化。

1）生育进程加快，生育期缩短　早熟品种露地栽培条件下生育期一般在110～130天，而大棚栽培条件下生育期仅90天左右，主要原因是棚内温度增高，加快了生育进程。

2）株形缩小，生长健壮　株形缩小的主要表现是叶片小而厚，荷梗粗而壮，主鞭短而有力。据有关资料显示，大棚藕叶片长和宽比露地藕分别缩小16厘米和7厘米，荷梗离地面的高度降低30厘米，主鞭长度缩短70～100厘米，这有利于增强抗风能力，但由于叶面积减小，不利于高产。

3）以主藕形成产量为主　在露地栽培条件下，由于密度小，生长空间大，低节位分枝也能成商品藕；而在大棚栽培条件下，分枝因生长条件限制，大多数情况下不能长成商品藕，因此，大棚的产量由主藕决定。

4）叶片数量减少　露地栽培条件下收获嫩藕时，主鞭上一般能长出8～9片立叶，而在大棚栽培条件下只能长出7片立叶，数量减少1～2片。

2. 温室选址与建造　2月下旬，选择排灌方便、土壤肥沃的沙壤土田块，按石砖混合结构或莲鱼立体共养节水莲池的标准，建成宽6米、长若干米的池子，以8

厘米 ×10 厘米的水泥杆作立柱，竹竿作棚架，上覆塑料薄膜，棚高 1.8 米左右。棚与棚间距 0.8 ~ 1 米，棚向以南北向为宜，有利于通风透气，受光均匀。

3. 整地、施肥与扣棚　每亩施有机肥 3 500 千克，氮磷钾三元复合肥 50 千克作基肥，耕翻入土，将地整平。3 月 1 日左右，灌足水分，保持浅水层 1 厘米左右后，扣棚覆膜，密闭大棚以提高棚温、水温。

4. 品种与藕种选择　选择前期较耐低温，生长势强劲，早熟，对水层要求不严格的鄂莲 1 号、鄂莲 3 号或武植 2 号为主栽品种。这些品种中期出叶速度快，叶面积大，有利于光合物质的积累；后期结藕整齐一致，入泥浅，易采挖，有利于集中上市和采收。选用藕种要求藕枝完整、芽头完好、后把粗壮的品种，每亩备 650 ~ 700 个芽头。藕种要随挖随栽，防止芽头干枯。

5. 及早定植　反季节栽培贵在"早"字，否则将失去大棚栽培的作用。盖膜后 7 ~ 10 天（3 月 10 日左右），从距棚边 35 厘米处按行株距 1 米 ×1 米的密度栽植，每亩芽头 650 ~ 700 个，行与行之间各株摆成梅花形，芽头一律指向棚中央，芽头按 25° 角斜插泥中，尾梢翘出水面，以增强发芽势。

6. 精心管理

1）萌芽期管理　在立叶抽生前，应密闭温棚，提高温度，白天保持在 30 ~ 35℃，夜间 20℃左右，水深 1 ~ 2 厘米。如果棚内温度过高或遇 3 天以上连阴雨时，应打开棚南头的农膜通风换气、排湿，减少种藕霉烂。定植后 10 ~ 14 天藕苗基本出齐，最先生长出的 2 片叶是水中叶和浮叶，随后抽生的是立叶（3 月底左右）。立叶抽生后，需逐步加深水层至 3 ~ 5 厘米深，晴天中午要注意通风降温，一般以棚内气温不超过 35℃为宜。

2）生长盛期管理　立叶展开至后把叶出水，为植株旺盛生长期。此期水位应逐渐加深，一般每抽生一张立叶，需加深水层 2 厘米左右。白天一般保持温度在 25 ~ 33℃，夜晚不低于 16℃。在叶展开时，每天视温度情况打开两头通风炼苗，以利于早生快发。同时每亩需追施腐熟有机肥 300 千克或氮磷钾三元复合肥 30 千克。在莲叶封行时，每亩再施氮磷钾三元复合肥 40 千克。3 片立叶后，气温渐高，白天可打开一边棚膜通风以防烧苗，晚上放下棚膜防寒保暖。4 月中下旬，随外界温度的升高应加强通风降温，当外界最低气温在 15℃以上时，可昼夜通风。5 月下旬至 6 月上旬，可视温度情况，完全揭去棚膜。揭膜 2 天后，每亩施用尿素 25 千克。在荷叶封行前，要及时拔除田间杂草，在 4 月下旬前应于晴天的下午及时转藕头。另外，追肥须在露水干后进行，追后应及时用清水泼浇荷叶以防烧叶。切忌用碳酸氢铵作追肥。施肥应结合中耕除草。

3）结藕期管理　从5月中旬后把叶展开至结藕期。此时水层需逐步降低并稳定水层在8～10厘米深。6月上中旬，当后把叶老而发黑时，表明藕已基本长成，此时，大棚藕已达到采收标准，可及时采收上市。

（二）莲藕双季栽培技术

莲藕双季栽培是指1年栽植2茬，达到增产增效的目的。这种收完早藕随即培植的再生二季藕生长较快，7月初早藕收后开始栽植，只需1个月即可长成商品藕，8月上中旬即可开始收获，一般每亩可产1 000千克。其品质如同早藕一样，具有白嫩、脆甜的特点。

1. 早藕栽培　首先要选用早熟品种如鄂莲1号、鄂莲3号等，于4月上旬栽种。栽植密度要加大，行株距为150厘米 ×100厘米，每亩芽头在800个以上，力争7月收获青荷藕。

2. 二季藕栽植

1）放种　栽培二季藕不需要购种和栽植。早藕收获后，主藕上市，把子藕原地不动留下作种，这样既省工省时，又能促进二季藕种快速生长。留种的具体做法是：在起早藕之前，先把水层排浅，然后准备一块20厘米长、6厘米宽的竹片铲子，用手摸准正藕尾处用铲子铲断，拿出主藕，留下的偏枝就成了二季藕种。在起藕时一定不能把作种的子藕的荷叶折断，它是再生藕的保命叶。使用竹铲的好处：一是起藕留种时它浮于水面不下沉，使用方便。二是竹铲无锈，不会因铁锈坏藕种，影响二季藕的生长。

2）追肥　起完早藕要及时给二季藕追肥，每亩施20~23千克尿素。施肥时间越早越好，也可以边起藕边施肥。

3）打叶　二季藕长出叶芽，新荷露头5～10厘米时，用镰刀把老荷叶割断，刺激新荷叶快长，促进二季藕生长。

4）收获　采用此种办法栽植的二季藕，8月上中旬可开始收获。但因二季藕不受下茬作物的限制，起藕不必赶时间，可根据市场行情和需求边起边销，以提高经济效益。

八、莲鱼共养技术（莲池不宜施农药）

1. 莲池混养革胡子鲇　莲池混养革胡子鲇是发展生态渔业的新模式，它能使自然资源得到立体开发，综合利用，提高经济效益。山东汶上县在次邱镇有示范田

2 000 亩，获得了较高的经济效益，莲藕平均每亩产 2 050 千克，鲇鱼 510 千克，投入产出比 1∶3.2。

1）莲池的建造与清整　按照莲鱼共养池的建造标准建好池，池塘面积以 0.5 亩左右为宜。

2）施肥混池　藕池整好后，每亩施 2 000 千克左右粪肥或混合堆肥等农家肥作基肥，然后灌注井水，人工把池水混成泥浆。

3）选种植藕　选用中晚熟品种于清明、谷雨之间栽植，要求藕种新鲜，无切伤，无断芽。均匀栽植，一般行距 1.5 米，株距 1 ~ 1.3 米，每亩栽植量为 175 ~ 200 千克，栽植深度一般为 13 ~ 18 厘米，用手扒沟按藕种芽的方向皆向池内，将藕头压实。

4）清池放鲇　莲藕栽植后 15 天即可放养鱼种。鱼种放养前 7 ~ 8 天，用 20 毫克 / 千克生石灰乳浆泼洒消毒，待毒性消失后，水温维持在 17℃左右时便开始放鲇种。放鱼时用 2% ~ 3% 食盐水浸洗 5 ~ 10 分，具体视鱼的忍耐程度灵活掌握。放养规格 6 ~ 10 厘米，低密度生态养殖时每亩投放 400 尾左右，可不投饵饲喂。中高密度生态养殖时每亩投放 1 000 尾左右时，需要投饵饲喂。鲇种要规格整齐，无病无伤，体质健壮。池水深度应保持在 30 厘米，进、排水口应设置防逃栅栏。

5）饲养管理　饲养管理主要是根据水质肥瘦和浮游动物数量，以及鱼的摄食情况，进行追施肥料和投放饲料。追肥要本着少量多次的原则。前期主要投喂水蚯蚓、玉米面、麸皮等，投喂量占鱼体重 3% ~ 5%。后期可增加肉食性饵料，鱼种下塘 1 个月后，随着鱼体的长大可逐渐用切碎的蝇蛆、蚯蚓、碎肉等天然动物性饲料，投喂量为鱼体重 5% ~ 10%，以吃饱稍有剩余为好。投喂时要做到定质、定量、定时、定位。一般 1 天投喂 2 次：上午 7 ~ 8 点，下午 3 ~ 5 点。大雨来临前，应设防逃设施，以免溢水逃鱼，可用窗纱或聚乙烯网沿池边围一圈，高度为 60 厘米，底部覆土压实。

6）鱼病的预防及敌害的防治　革胡子鲇的抗病力较强，但操作不慎引起鱼体受伤或水质恶化的情况下则会得病。应坚持“以防为主，防治结合”的原则，每 15 ~ 20 天全池泼洒生石灰乳浆 1 次，剂量为 20 毫克 / 千克。或者在饲料中加上土霉素及其他抗菌、消炎类药物拌饵投喂。在生长前期还应注意巡视驱赶水鸟、老鼠、青蛙及蛇等敌害。

2. 鲤、鲢、草鱼与莲共养

1）莲池选址、建造与整理　选择水源充足、水质良好、排灌方便、通风向阳的田块，按照莲鱼立体共养节水莲池的标准建好池，深耕细耙，亩施农家肥 5 000 千克，尿素 30 千克，磷肥 80 千克，然后按时栽植。

2）鱼种放养　栽藕 10 ~ 15 天后即可放鱼。如培育鱼种，亩放 3.3 厘米的鲤鱼苗 1 400 尾，草鱼苗 400 尾，鲢鱼苗 200 尾；如饲养成鱼，亩放 10 厘米的鲤鱼种 700 尾，草鱼种 200 尾，鲢鱼种 100 尾。鱼苗入池前用 3% 食盐水浸洗 3 ~ 5 分。

3）日常管理　投喂玉米粉、饼粉、糠麸等制成的混合饲料，一般日投量为鱼体重 1% ~ 3%，每天投喂 2 次。草鱼投喂适量的浮萍和细嫩的草等，日投量为鱼体重的 20% 左右。饲料投在鱼沟、鱼窝内。坚持早、晚巡田，及时捞出残余饲料，保持池水清洁。定期注入新水，一般每 5 ~ 10 天注水 1 次，保持水深 35 厘米。在鱼病流行季节，每 25 天交替在沟、窝内泼洒 10 毫克 / 千克生石灰和 0.7 毫克 / 千克硫酸铜。全生育期用土霉素或大蒜拌饲料制成药饵投喂 1 个疗程（25 天左右）。

防止水鼠、水蛇等敌害生物进入藕田。

汛期要用纱窗网围拦四周，以防溢水跑鱼。

4）生态控制　由于莲鱼共养不能使用农药，可推广应用黄板、蓝板诱集蚜虫，在莲纹夜蛾发生时，利用生物防治（Bt）可有效控制其危害。

第五节　莲藕病虫害防治

一、主要病害

1. 腐败病（见彩图 1）

1）病原　腐败病又名黑根病、根腐病、藕瘟、枯萎病。该病由多种病原菌引起，其中主要是真菌类的镰刀菌属。病菌以菌丝体在种藕内越冬，或以厚垣孢子在土壤中越冬，其中带病种藕是最主要的初传染源，由其长出的幼苗成为中心病株。中心病株产生的孢子随水流传播，从而感染其他植株。病菌多从藕节间伤口、吸收根或生长点侵入植株。

2）症状　该病主要危害地下茎和根部，地上叶片也可发病，地下茎发病早期外表没有明显的症状。如果将地下茎横切断检查，在近中心的导管部分，色泽变褐或浅褐色，随后变色部分逐步扩展蔓延。初期从种藕开始，后延及新的地下茎。后期病茎上有褐色或紫黑色不规则病斑，病茎腐烂或不腐烂，仅在发病部位纵皱。病茎抽出的叶片叶色淡绿，发病时主要表现为整个叶缘或叶缘一边开始发生褐色干枯，最后叶片反卷，呈青枯状，似开水烫伤一样。继之，叶梗的维管束组织变褐，随之枯死，并在叶蒂的中心区顶端向下弯曲，最后整个叶片死亡。地下茎早期症状不明显，后期病茎表现为茎节部位着生的须根坏死，易脱落，病茎藕小，横切中部变褐至紫黑色，病茎纵皱或腐烂。采收后病茎贮放数日，常见病茎上长出白色霉状物（分生孢子及分生孢子梗）。

3）发病情况　该病从5~6月到收藕期均可发生，7~8月为盛发期。发病温度20~30℃。一般是新开发的藕田发病轻，连作多年的藕田发病重；土壤酸碱度适中、通气性良好的发病轻，土壤酸性大，通气性差的发病重；浅根系品种发病重，深根系品种发病轻；施用未经发酵腐熟的农家肥发病重，施用经发酵腐熟的则发病轻；单施化肥或偏施氮肥发病重，以有机肥为主，氮、磷、钾全面配合施用发病轻；日照少、阴雨天或暴风雨频繁发病重，日照多、晴朗的天气发病轻；田间湿润发病轻，田间断水干裂发病重。

4）防治措施

（1）农业防治　①选择抗病良种，不以发病藕田的藕作种。②搞好种藕的消毒。③大田植藕实行2~3年轮作。特别是进行水旱轮作，对减少病原积累，净化土壤，减轻病害有重要作用。④植藕田块要酸碱度适中，土层深厚，有机质丰富。对酸性重的土壤，要用生石灰加以改良，在整地时每亩施生石灰50~100千克。⑤藕田实行冬耕晒垡。可改善土壤条件和杀灭其中的部分致病菌。⑥合理施肥。基肥应以有机肥为主，并经过充分腐熟。生长期间追肥要注意氮、磷、钾的合理施用，避免单施化肥或偏施氮肥，以促进植株生长，提高抗病力。⑦控制水的深度。生长前期灌浅水，中期灌深水，后期又适当放浅，以适应莲藕生长阶段的需要。温度高或发病初期要适当提高水的深度，以降低地温，抑制病菌的大量繁殖。⑧尽量减少人为给地下茎造成的伤害。

（2）药物防治　施用多菌灵。栽前结合翻耕，每亩用多菌灵2千克拌细土撒施。发病季节用50%多菌灵可湿性粉剂600倍液加75%百菌清600倍液，或40%灭病威（为多菌灵和硫黄混合而成的广谱、低毒杀菌剂）400倍液，或波尔多液（50升水，加硫酸铜250克，石灰500克）等喷洒叶面和叶梗。发现病株要连根挖除，并对局部土壤施入50%多菌灵可湿性粉剂灭菌。当病株较多时，要逐一带根挖除，并对整个田块用药。

2. 炭疽病（见彩图2）

1）病原　属半知菌类真菌。病菌以菌丝体和分生孢子盘随病残体遗落在莲塘中存活越冬，也可在田间病株上越冬。病菌借助风雨传播，进行初侵染与再侵染。分生孢子在10~35℃萌发；20~28℃发芽势强，孢子萌发最适相对湿度为100%，适应pH 3~11，pH 4~8发芽率高，51℃经10分致死。

2）症状　叶片上病斑圆形至不规则形，略凹陷，红褐色，具轮纹与黑斑病初期症状相近，后期生很多小黑粒点，即病原菌的分生孢子盘。发生多时病斑密布，叶片局部或全部枯死；茎上病斑近椭圆形，暗褐色，亦生许多小黑点，致全株枯死。幼叶病斑紫黑色，轮纹不明显。

3）发病情况　病菌以菌丝体和分生孢子座在病残体上越冬，以分生孢子进行初侵染和再侵染，借气流或风雨传播蔓延。高温多雨尤其暴风雨频繁的年份或季节易发病；连作地或藕株过密通透性差的田块发病重。

4）防治措施

（1）农业防治　注意田间管理，收获时或生长季节收集病残物深埋烧掉。重病地实行轮作。合理密植，管好水肥，方法参照腐败病防治方法。

（2）化学防治　发病初期喷洒 20% 苯醚·咪鲜胺微乳剂 2 500 ~ 3 500 倍液或 50% 甲基硫菌灵·硫黄悬浮剂 800 倍液加 75% 百菌清可湿性粉剂 800 倍液，或 50% 多菌灵可湿性粉剂 800 倍液加 75% 百菌清可湿性粉剂 800 倍液混合喷洒。此外，还可选用 75% 百菌清可湿性粉剂 600 倍液加 25% 嘧菌酯悬浮剂 1 500 ~ 2 000 倍液，隔 7 ~ 10 天施药 1 次，连续防治 2 ~ 3 次。

3. 假尾孢褐斑病（见彩图 3）

1）病原　本病由真菌侵害引起。病菌以菌丝体和分生孢子座在枯死的叶片和叶梗上越冬，靠气流和风雨传播。

2）症状　该病主要危害叶片。发病初期可见叶片正面有小黄褐色斑点，以后扩大成多角形或近圆形的淡褐色至黄褐色斑，边缘深褐色，有明显轮纹。病斑直径多为 1 ~ 8 毫米，叶面稍隆起，叶背凹陷呈灰白色，中后期病斑连成不规则大斑，全叶枯死。浮叶正面的病斑多为深褐色，中后期病部腐烂，用手触摸，表层易脱落，但不穿孔。

3）发病情况　该病菌 4 ~ 5 月开始发生，6 ~ 8 月为多发期，尤其是在阴雨天，相对湿度大时较易发生。一般是深水田发病重，浅水田发病轻；连作和种植过密的藕田发病重，新藕田和种植密度适宜的藕田发病轻；浮在水面上的浮叶发病重，离开水面的立叶发病轻。

4）防治措施

（1）农业防治　在无病藕田选种。藕田实行 2 ~ 3 年以上水旱轮作，可以减少本病的发生。挖藕前要将莲藕田间的病叶、残叶、枯叶清除掉，集中烧毁或深埋。藕田栽植密度要适宜，不可过密。经常清除黄叶，改善通风透光条件。合理施肥。施肥应以腐熟的有机肥为主，并增施磷肥和钾肥，不偏施氮肥。控制好水的深度。生长前期水深宜浅，夏季高温，大风时，应适当加深水的深度。

（2）药物防治　发病初期，用75%百菌清可湿性粉剂600倍液加25%咪鲜胺乳油1 000～1 500倍液，或70%代森锰锌500～600倍液，喷雾防治。每7～10天喷1次，连续用2～3次。

4. 叶斑病（见彩图4）

1）病原　属半知菌类真菌。

2）症状　该病主要危害叶片，也危害叶梗、花梗、果梗和花托等。发生时叶片上有褐色小斑点，并逐渐扩大成圆形，有轮纹，病斑褐色或茶褐色，边缘深褐色。叶梗和果梗有黑褐色小斑点，并逐渐成纵向细长稍凹陷的病斑。湿度大时，病斑表面产生灰黑色霉状物，即病菌的分生孢子梗和分生孢子。严重时，叶片上病斑密布，相互汇合成大型枯斑，短期内致叶片坏死干枯，病因似火烧，植株成片枯焦。

3）发病情况　病菌发育温度为5～32℃，夏季高温时发病较重。连作地、偏施氮肥、施用未腐熟有机肥，且藕株密度大透风透光性差的田块发病严重。

4）防治措施

（1）农业防治　发现病叶要及时摘除处理。

（2）药物防治　发病初期，可用50%多菌灵可湿性粉剂或70%代森锰锌可湿性粉剂500倍液，或64%杀毒矾可湿性粉剂400～500倍液喷施。每7～10天喷施1次，连续喷施2～3次。

5. 黑斑病（见彩图5）

1）病原　病原为半知菌亚门的睡莲链格孢菌。病原体随病残体在藕田中越冬，翌年春夏气温上升和高湿时，产生分生孢子，并借风雨传播。

2）症状　该病仅发生于叶片。病斑褐色，圆形或不规则形，略具轮纹，病斑外围有黄晕，潮湿时病部上生黑色霉层。严重时病斑联合成大块病斑，叶片焦枯。

3）发病情况　病菌以菌丝体随病叶留在田中越冬，翌春产生分生孢子，借气流传播蔓延。本病的盛发期为8～9月，暴风雨天气、植株长势弱时发病重。

4）防治方法

（1）农业防治　加强肥水管理，提高植株抗病能力。防止风害。发现病叶后要及时摘除。

（2）药物防治　发病初期，用50%多菌灵可湿性粉剂，50%咪鲜胺可湿性粉剂1 000倍液，或75%百菌清可湿性粉剂1 000倍液喷施，连喷2～3次。

6. 叶枯病（见彩图 6）

1）病原　由子囊菌侵染引起。以子囊壳在病残体上越冬，成为翌年初次侵染的病菌。

2）症状　叶片呈黄色至深褐色而枯死为本病的主要症状。发病初期，叶缘发生淡黄色病斑，逐渐向叶片中间扩展；病斑由黄色变成黄褐色，最后从叶肉扩及叶脉；病斑呈深褐色，全叶枯死，形似火烧，严重影响产量。

3）发病情况　一般在 5 月底 6 月初开始发病，7 ~ 8 月最严重，9 月以后下降。高温多雨，莲田肥力不足，栽植过密，植株生长弱，管理粗放时多易发生此病。

4）防治方法

（1）农业防治　及时清除病残组织，剪除病叶，带出田外，深埋或烧毁。合理确定栽植密度，不可过于稠密，保持田间通风透光。保持藕田肥力。要施足基肥，及时追肥，多施有机肥，增施磷肥和钾肥，以使植株健壮生长，增强抗病力。

（2）药物防治　发病后及时用药。发病初期，可用 50% 多菌灵可湿性粉剂 800 倍液或 70% 甲基硫菌灵可湿性粉剂 800 倍液喷施，每周喷施 1 次，连续 2 ~ 3 次。

7. 僵藕病

1）病原　由病毒侵害引起。病毒通过种藕、土壤和其他田间残留物带毒传染。

2）症状　患病植株地上、地下部分各器官均比正常植株明显减少。藕枝出现较多的黑褐色条斑，长 1 ~ 5 厘米，最长可达 10 厘米以上。顶芽和先端节间常扭曲、畸形。藕枝细瘦僵硬，品质较低。僵藕在田间生长较弱，生育期明显缩短。与正常莲藕相比，萌芽期推迟 7 天，结果期提早 15 天，多数立叶发黄期提早 18 天左右，整个生育期缩短 25 天。

3）发病情况　近年来僵藕病发生率不断上升，发生程度也日趋严重，导致了一些藕田大幅度减产，甚至失收。

4）防治措施

（1）农业防治　不选用僵藕作种藕，以杜绝病原通过种藕传递、传播。合理施肥，改善土壤理化性状。增施腐熟的有机肥，并与氮、磷、钾含量齐全的化肥相结合。合理轮作，适当缩短连作年限。清洁藕田，减少病原。藕田一旦发现僵藕应及时彻底清除，并尽量清除老藕田的枯茎、残叶等。

（2）药物防治　同病毒病防治方法。

8. 棒孢褐斑病（见彩图 7）

1）病原　属半知菌类真菌。

2）症状　该病主要危害叶片和叶梗。叶片染病初在叶片上生绿褐色小斑点，后扩展为暗褐色不规则形或多角形病斑，四周具黄褐色晕圈，大小 2 ~ 8 毫米，病斑上生有同心轮纹，后期病斑常融合成斑块，致病部变褐干枯；叶梗染病易折断垂下。

3）发病情况　病菌在枯死叶片或叶梗上越冬，翌年 5 ~ 6 月随植株生长侵入藕株，气温 20 ~ 30℃及阴雨天湿度大易诱发此病。

4）防治措施

（1）农业防治　注意田间管理，收获时或生长季节收集病残物深埋烧掉。重病地实行轮作。合理密植，管好水肥，方法参照腐败病的防治方法。

（2）药物防治　发病初期喷洒 50% 甲基硫菌灵 · 硫黄悬浮剂 800 倍液加 75% 百菌清可湿性粉剂 800 倍液，或 50% 多菌灵可湿性粉剂 800 倍液加 75% 百菌清可湿性粉剂 800 倍液混合喷洒。此外，还可选用 80% 炭疽福美可湿性粉剂 800 倍液隔 7 ~ 10 天喷 1 次，连续防治 2 ~ 3 次。

9. 小菌核叶腐病（见彩图 8）

1）病原　属半知菌类真菌。菌核球形，椭圆形至洋梨形，初白色，后变黄褐色或黑色，表面粗糙。

2）症状　该病主要危害浮贴水面的叶片，病斑形状不定形，有的呈“S”形，有的如蚯蚓状，褐色或黑褐色，坏死部后期出现白色皱球状菌丝团，后生茶褐色球状的小菌核。发病重的，叶片变褐腐烂，难于抽离水面。

3）发病情况　以菌核随病残株遗落在土壤中越冬，翌年菌核漂浮水面，气温回升后菌核萌发产生菌丝侵害叶片，病菌发育适温为 25 ~ 30℃，高于 39℃或低于 15℃不利发病，夏秋高湿多雨季节易发病。

4）防治措施

（1）农业防治　减少菌原，采收时清除病残株，深埋或集中烧毁。

（2）药物防治　发病初期开始喷洒 50% 多菌灵可湿性粉剂 800 倍液，或 65% 甲霉灵可湿性粉剂 600 倍液，或 30% 碱式硫酸铜悬浮剂 500 倍液，或 50% 异菌脲可湿性粉剂 1 000 倍液，隔 10 天左右喷 1 次，连续防治 2 ~ 3 次。

10. 叶点霉斑枯病（见彩图 9）

1）病原　属半知菌类真菌。

2）症状　该病主要侵害离水面的立叶。叶面病斑多发生在叶脉间，圆形、椭圆形至不定形，褐色、灰褐色至灰白色，发病与健康部位分界明晰或不明晰，斑面密生针头大的小黑粒（病菌分生孢子器）；有的受叶脉限制呈扇形大斑，后病斑中部红褐色，有时具轮纹，严重时病斑常破裂穿孔，严重的仅残留主脉，病叶如破伞状。

3）发病情况　病菌以分生孢子器在病残体上越冬，条件适宜时产生分生孢子，借风雨传播蔓延。病菌生长适温 20 ~ 25℃。连作地，偏施氮肥，施用未腐熟有机肥且藕株密度过大，通风透光性能差的田块发病严重。高温、高湿，阴雨连绵、日照不足或暴风雨频繁易诱发本病。

4）防治方法

（1）农业防治　①选用抗病品种，合理密植，重病田实行 2 年以上轮作。②从无病藕田选择健株作种藕，杜绝病源。栽植种藕前，用浸种剂闷种藕 24 小时后栽植。③在冬前清除藕田的病残体及四周杂草，藕田深耕翻耙，并撒施生石灰（每亩 100 千克）或药剂灭菌。④施用酵素菌沤制的堆肥或腐熟的有机肥，适时适量追肥，做到有机肥和化肥相结合，氮肥与磷、钾肥相结合。不用带菌肥料，施用的有机肥不得含有莲藕病残体。⑤采用测土配方施肥技术，适当增施磷、钾肥，加强田间管理，培育壮苗，增强植株抗病力，有利于减轻病害。⑥按莲藕不同生育阶段需要管好水层，做到深浅适宜，以水调温调肥。⑦对已发病的藕田病株残体，要彻底清除，并集中烧毁或深埋。

（2）药物防治　发病初期喷施：75% 百菌清可湿性粉剂 +70% 甲基硫菌灵可湿性粉剂（1 ∶ 1）1 000 倍液，或 30% 氧氯化铜 +75% 百菌清（1 ∶ 1，即混即喷）800 ~ 1 000 倍液，或 40% 三唑酮・多菌灵可湿粉 1 000 倍液，或 75% 百菌清可湿性粉剂 1 000 倍液，或 75% 百菌清可湿性粉剂 1 000 倍液加 50% 多菌灵可湿性粉剂 1 000 倍液，或 70% 代森锰锌可湿性粉剂 800 ~ 1 000 倍液，或 30% 碱式硫酸铜悬浮剂 400 ~ 500 倍液，连喷 2 ~ 3 次或更多，隔 7 ~ 10 天 1 次，交替喷施，前密后疏。

11. 叶疫病（见彩图 10）

1）病原　叶疫病是一种疫霉菌，叶疫病属卵菌。

2）症状　该病主要危害浮贴水面的叶片，叶面或叶缘现黑褐色近圆形至不定形湿腐状病斑，引起叶片变褐腐烂，不能抽离水面。严重时叶柄也因病坏死腐烂。

3）发病情况　病菌在病株组织内或散布在田间的卵孢子越冬，借水流传播。在高温多雨、空气潮湿的季节发生。

4）防治措施

（1）农业防治　选用抗病品种，勿栽带病秧苗，发现病株及时拔除，补植新苗。加强水浆管理，遇有水涝或水退后要及时用清水冲洗叶面。

（2）药物防治　发病初期喷洒 70% 乙膦・锰锌可湿性粉剂 500 倍液，或 72% 霜脲锰锌（克抗灵）可湿性粉剂 800 倍液，或 69% 安克锰锌可湿性粉剂 900 倍液，或 30% 嘧菌脂水分散粉剂 2 000 倍液，隔 7 ~ 15 天 1 次，连续施药 2 ~ 3 次。

12. 病毒病（见彩图 11）

1）病原　黄瓜花叶病毒。主要靠虫传播；与蚜虫发生情况关系密切，特别是遇高温干旱天气，不仅可促进蚜虫传毒，还会降低寄主的抗病性。种子也可带毒。

2）症状　莲藕病毒病病株叶片变小，有的病叶呈浓绿斑驳，皱缩；有的叶片局部褪绿黄化畸形皱缩；有的叶脉明显突起，叶呈畸形；有的病叶包卷不易展开。在病田中，常见植株受蚜虫群集叶背或叶柄处危害。

3）发病情况　病原病毒潜伏在种藕内，带毒种藕是本病的主要初侵染源。田间病害传播主要通过蚜虫传毒。病田中蚜虫多群集在莲株叶背或叶梗吸食危害。本病开始见于五六月间。蚜虫发生较多的藕田病株率也较高。

4）防治措施

（1）农业防治　发现有蚜虫危害及时防治。

（2）药物防治　发病前至发病初期，可采用下列杀菌剂进行防治：2% 宁南霉素水剂 200 ~ 400 倍液，或 4% 嘧肽霉素水剂 200 ~ 300 倍液，或 20% 毒克星可湿性粉剂 500 倍液，或 5% 菌毒清可湿性粉剂 500 倍液，或 20% 盐酸吗啉胍 · 胶铜可湿性粉剂 500 倍液，或 20% 病毒宁水溶性粉剂 500 倍液，茎叶喷雾，从幼苗开始，每隔 5 ~ 7 天喷 1 次。

13. 褐纹病（见彩图 12）

1）病原　属半知菌类真菌。

2）症状　莲藕褐纹病又称莲叶斑病、黑斑病。只危害叶片，叶柄上较少表现病症。在莲藕叶正面病斑初为针头大小黄褐色小点，后逐渐扩大成圆形至不规则形的褪绿色大黄斑或褐色枯死斑。叶背面尤为明显，病斑边缘明显，病斑稍凹陷，病斑上有或无明显的褐色同心轮纹，病健边缘清晰，四周具细窄的褪色黄晕，叶背面病斑颜色较正面略浅，多个病斑融合后，致叶片上现大块焦枯斑，严重时除叶脉外，整个叶上布满病斑，致半叶或整叶干枯。藕田初零星发病，后形成片，病区似火烧。

3）发病情况　病菌以菌丝体和分生孢子丛在病残体上或采种藕株上存活和越冬，翌年产生分生孢子，借风雨传播进行初侵染，经 2 ~ 3 天潜育发病，病部又产生分生孢子进行再侵染。在湖北本病 5 月中旬始发，7 ~ 9 月高温多雨季节盛发，尤其是暴风雨后或生长衰弱时易染病，藕田水温高于 35℃或偏施氮肥、蚜虫危害猖獗发病重。

4）防治措施

（1）农业防治　与水稻等禾本科作物实行 2 ~ 3 年轮作，选用无病藕留种，收藕后及时清除病残体，集中烧毁。提倡施用酵素菌沤制的堆肥或充分腐熟的有机肥，避免氮肥施用过量，注意控制水温在 35℃以下。在大风、暴雨来临前，把藕田水灌足、灌深，防止狂风造成伤口。

（2）药物防治　发病初期开始喷洒 58% 瑞毒霉·猛锌可湿性粉剂 500 倍液，或 70% 代森锰锌可湿性粉剂 600 倍液，或 64% 杀毒矾可湿性粉剂 500 倍液，或 40% 氟硅唑乳油 5 000 倍液，或 20% 苯醚甲环唑微乳剂 2 000 倍液，或 25% 嘧菌酯悬浮剂 2 000 倍液。10 天左右喷 1 次，防治 2 ~ 3 次。

14. 芽枝霉污斑病

1）病原　属真菌界半知菌类真菌。

2）症状　该病危害莲藕立叶。病斑多从叶缘开始，由外向内沿叶脉间的叶肉扩展，近圆形至不定形，相互融合串成条状，污褐色，边缘出现黄色，变色部较窄细。后期斑面出现暗灰色薄霉病症（病菌分生孢子梗与分生孢子）。

3）发病情况　连作地，偏施氮肥，施用未腐熟有机肥且藕株密度过大，通风透光性能差的田块发病严重，高温多雨、阴雨连绵、日照不足或暴风雨频繁易诱发本病，植株生长衰弱、田间水温高于 35℃易发病。

4）防治措施

（1）农业防治　同叶点霉烂叶病防治措施。

（2）药物防治　用 50% 多菌灵可湿性粉剂 600 倍液或 70% 甲基硫菌灵可湿性粉剂 1 000 倍液或 75% 百菌清可湿性粉剂 800 倍液喷雾加闷种，覆盖塑料薄膜密封 24 小时，晾干后栽植。发病初期喷施 80% 炭疽福美可湿性粉剂 600 倍液，或 50% 敌菌灵可湿性粉剂 600 倍液，或 40% 福星乳油 5 000 倍液。

15. 尾孢褐斑病

1）病原　属真菌界半知菌类真菌。

2）症状　该病主要危害叶片和梗。叶片染病，初在叶片上产生绿褐色小点，以后扩展成红褐色至暗褐色近圆形、不规则形至多角形病斑，外围常具有黄色晕圈，斑面有时密生小黑点，病斑有时具同心轮纹，后期病斑常相互汇合成大的斑块，致病部变褐干枯或穿孔。叶梗染病，易断折下垂。空气湿度大时病斑表面产生灰褐色稀疏霉层，即病菌分生孢子梗和分生孢子。

3）发病情况　连作地，偏施氮肥，施用未腐熟有机肥且藕株密度过大，通风透光性能差的田块发病严重。阴雨连绵、日照不足或暴风雨频繁易诱发本病。

4）防治措施

（1）农业防治　同叶点霉斑枯病防治措施。

（2）药物防治　种子处理：用50%多菌灵可湿性粉剂600倍液，或70%甲基硫菌灵可湿性粉剂1 000倍液，或75%百菌清可湿性粉剂800倍液喷雾加闷种，覆盖塑料薄膜密封24小时，晾干后栽植。叶面喷雾：50%敌菌灵可湿性粉剂500倍液，或70%甲基硫菌灵可湿性粉剂600倍液，或50%多菌灵可湿性粉剂500倍液，7～15天喷1次，连喷2～4次。

16. 弯孢霉紫斑病

1）病原　属真菌界半知菌类真菌。

2）症状　该病危害莲藕立叶。被害叶片出现近圆形紫褐色病斑，斑面出现同心轮纹，后期斑面出现黑褐色薄霉病症（病菌分孢梗与分生孢子）。本病症状与链格孢黑斑（斑纹）病颇为相似。一般凭肉眼观察不易区分，需借助显微镜镜检方可确诊。

3）发病情况　连作地，偏施氮肥，施用未腐熟有机肥且藕株密度过大，通风透光性能差的田块发病严重。高温多雨、阴雨连绵、日照不足或暴风雨频繁易诱发本病；植株生长衰弱、田间水温高于35℃易发病。

4）防治措施

（1）农业防治　同叶点霉烂叶病防治措施。

（2）药物防治　用50%多菌灵可湿性粉剂600倍液，或70%甲基硫菌灵可湿性粉剂1 000倍液，或75%百菌清可湿性粉剂800倍液喷雾加闷种，覆盖塑料薄膜密封24小时，晾干后栽植。发病时喷施：5%嗅菌清可湿性粉剂600倍液，或25%炭特灵可湿性粉剂600倍液，或25%咪鲜胺可湿性粉剂1 200倍液，或50%多菌灵可湿性粉剂800倍液+75%百菌清可湿性粉剂800倍液，或50%多菌灵可湿性粉剂800倍液+80%炭疽福美可湿性粉剂800倍液，隔7～10天喷1次，连续喷2～3次。

17. 锈斑病（见彩图13）

1）病因　从土中新挖出的藕，体表有红色、褐红色铁锈样斑，这是生产上常见的现象。据观察，清明前后种植的莲藕，到5月中旬早熟品种开始上市，6～10月天气较热时是莲藕体表形成锈斑的高峰期，11月以后锈斑开始褪去，到年底长锈斑的藕就比较少了，春节前后藕体基本无锈斑。

锈斑是怎样形成的呢？有多种不同的说法。有人认为，是莲藕在生长过程中，空气由叶面经通气组织源源不断地进入地下部分进行气体交换，空气中的氧与土壤中的铁化合成氧化铁沉积在藕表，形成锈斑。也有人认为，莲藕表面生锈，主要与莲藕生理及锈水有关。锈水在南方多发生，成因是黄铁矿风化，经过一系列复杂的反应生成水合氧化铁。水合氧化铁难溶于水，呈微粒状悬浮在水中，并慢慢地沉淀吸附在莲藕表面形成锈斑。

2）预防和除治　根据上述分析，可以采取以下措施来预防藕体生锈斑。

（1）选择土壤肥沃疏松、亚铁含量低、土层深厚的田作藕田，不在瘠薄、亚铁含量高的土壤上种藕。特别是生产出的藕一直有锈斑的田块，不宜继续种藕。

（2）减少藕池中未腐熟有机物的数量，避免在高温季节有机物大量腐烂，使土壤严重缺氧，还原性提高。连续种藕 3 ~ 4 年的池塘或水田，应轮换养鱼 1 ~ 2 年或种稻 1 ~ 2 年。也可以结合采藕,将过多的藕叶等未腐熟有机物就地集中沤制或堆制，腐熟后再施入藕池。对藕池施有机肥时，应施用充分腐熟的沤肥或堆肥，不施未腐熟的肥料。

新挖出的莲藕洗净泥土后，若发现体表有锈斑，可将藕置于大盆中，用柠檬酸水溶液淋洗 1 ~ 2 次，除去锈斑。一般用 10 克柠檬酸颗粒加水 15 千克，可洗藕 60 ~ 75 千克。用柠檬酸水洗过的莲藕，过 4 ~ 5 小时会变黑，味道也会发生变化。

二、主要虫害

1. 食根金花虫（见彩图 14）

1）形态特征与生活习性　食根金花虫成虫为纺锤形绿褐色有金属光泽的小甲虫，体长 6 ~ 9 毫米。卵长椭圆形，长约 1 毫米，稍扁平，表面光滑，初产时呈乳白色，将孵化时淡黄褐色。卵常以 20 ~ 30 粒聚集成块，上覆白色透明胶体物质。幼虫体长 9 ~ 11 毫米，白色蛆状，头小，胸腹部肥大，稍弯曲，有胸足 3 对，无腹足。蛹黄白色，藏在红褐色的胶质薄茧中。幼虫在土壤中的藕根、藕节处越冬，4 ~ 5 月幼虫开始危害。成虫在土中羽化，上爬浮出水面，产卵于荷叶叶面上。7 月产卵，7 月下旬至 8 月上旬孵化后，即入水钻入泥土中危害。

2）危害　幼虫潜入泥土中，在地下茎上吮吸汁液，从而造成地上部分立叶细小、发黄，后期则直接危害新藕，使藕枝形成许多虫斑，影响藕的产量和品质。此虫也危害根系，使根发黑。成虫和刚孵化的幼虫也危害绿叶，主要在莲藕叶片的上表皮开始取食，使叶片形成缺刻或空洞。

3）防治措施

（1）农业防治　①实行水旱轮作。通过这种方式，使藕田的环境条件得到改变，从而抑制其生长繁殖，降低发病率。②冬耕冻垡。冬季排干田水，进行冬耕冻垡，可杀死部分越冬幼虫减轻危害。③清除田间杂草。特别是要清除眼子菜等，以减少成虫产卵场所。

（2）药物防治　①栽藕前，每亩施生石灰60千克，有预防作用。②栽藕前结合整地，每亩用60%辛硫磷颗粒剂3千克，拌细土25～30千克，均匀撒施，并随即耕翻，使农药混入土壤中，可杀死地蛆。③选用90%晶体敌百虫1 000倍液，或50%杀螟松乳油1 000倍液。

2. 莲纹夜蛾（见彩图15）

1）形态特征与生活习性　①成虫。体长14～20毫米，翅展33～42毫米，体深褐色，胸部背面有灰白色丛毛。前翅灰褐色，从前缘向后缘外边有3条白色斜纹。腹部暗灰色，末端丛生长毛。②卵。半球形，直径约0.5毫米，表面有纵横脊纹，初产时为黄白色，后变为淡绿色，近孵化时呈紫黑色，常3～4层重叠成椭圆形卵块，外覆黄色绒毛。③幼虫。老熟时体长36～48毫米，体色变化较大；初孵时绿色，以后各龄颜色渐深。从中胸到腹部第9节背面各有1对半月形或三角形黑斑。④蛹。蛹长1.5～2厘米，圆筒形，体色赤红色至暗褐色。莲斜纹夜蛾1年可发生多代。成虫常把卵产于高大茂密浓绿的边际作物上，初孵幼虫常群集取食，不怕光，4龄以后怕光，白天常躲在阴暗处，黄昏以后出来觅食。冬季以蛹或幼虫在土壤中越冬。

2）危害　春末夏初幼虫开始啃食荷叶，2龄后还可咬食花蕾和花，4龄后进入暴食期，食量大增。在干旱少雨的年份7～9月大发生，可把荷叶成片吃光，仅留叶脉，造成减产。

3）防治措施

1）物理防治　①用黑光灯或糖醋混合液诱杀成虫。糖醋混合液的配制方法是：红糖250克，加醋250毫升，加清水500毫升，再加少许敌百虫。将混合液盛于盆中，傍晚放于距地面高60厘米处。②除卵灭幼虫。成虫产卵盛期和幼虫初孵出后，从叶背面检查，发现卵和幼虫后则随手摘除销毁。

2）药物防治　喷施药液：① 2.5%溴氰菊酯乳油2 000倍液喷施。② 90%晶体敌百虫800～1 000倍液喷施。③ 50%辛硫磷乳剂1 000倍液喷施。④ 20%氯氰菊酯2 000～2 500倍液喷施。⑤ 1.8%阿维菌素乳油2 000倍液。喷药时期最好在3龄幼虫盛发以前。4龄后幼虫忌光，有夜出活动习性，故施药宜在傍晚前后进行。

3. 莲溢管蚜（见彩图16）

1）形态特征与生活习性　成蚜有6个不同态型，其中无翅胎生雌蚜、有翅胎生雌蚜是常见的2个态型。无翅胎生雌蚜卵圆形，体长2.5毫米，宽1.6毫米；有翅胎生雌蚜长卵形，体长2.3毫米，宽1毫米。卵长圆形，黑色。若蚜大多4龄，形似无翅胎生雌蚜，但个体较小。冬季以卵在桃、杏、李等核果类树上越冬，早春在树上繁殖4～5代，4～5月产生有翅蚜，迁飞至莲藕等水生植物上，可繁殖25代左右，10月底又产生有翅雌蚜，回迁越冬寄主，11月上中旬雌蚜交尾产卵。该蚜虫喜阴湿天气，在初夏至晚秋均有发生。

2）危害　成虫、若虫常成群密集于叶、背、叶芽和花蕾柄上刺吸汁液，被害叶片发生黄白斑痕，重者叶片卷曲皱缩，茎叶枯黄，叶及花蕾凋萎，造成减产。

3）防治措施

（1）农业防治　清除田间杂草，合理控制种植密度，减轻田间郁闭度，降低田间空气湿度。

（2）药物防治　①20%速灭杀丁（氰戊菊酯）乳油3 000～4 000倍液喷施。②2.5%溴氰菊酯乳油2 000～3 000倍液喷施。③10%吡虫啉可湿性粉剂1 500倍液。④50%抗蚜威可湿性粉剂2 000倍液喷施。

4. 莲潜叶摇蚊（见彩图17）

1）危害特点　该虫危害浮叶，严重时可使整个浮叶腐烂。由于幼虫只能在水中进行气体交换，故不危害立叶。当用莲子培育莲子苗时，不论春播或秋播，实生苗均可受其较大危害。幼虫危害期在4～10月，以7～8月最严重，叶面上布满紫黑色或酱紫色虫斑，四周开始腐烂，致全叶枯萎。严重时一叶上有虫达数十头至百余头。

2）形态特征　成虫体长3～4.5毫米，浅翠绿色，头小，复眼中部褐色，四周黑色，中胸特发达，背板前部隆起，后部两翼各具黑褐色梭形条斑1个，小盾片上有倒八字形黑斑，前翅浅茶色，最宽处有黑斑，外缘黑斑不规则，触角羽毛状14节，基部褐色，前端黑褐色；前足胫节黑色，腿节先端有一段黑色，腹末端5、6节背面前缘具褐斑。

幼虫体长10～11毫米，黄色至浅黄绿色，头褐色，触角5节，口器黑色，头部有一部分缩在前翅内，中后胸宽大，下唇齿板粗壮发达，大颚扁，呈锯齿状；腹部圆筒状，分节明显，足退化。蛹长4～6毫米，浅绿色，复眼红褐色，蛹前端、尾部具短细白绒毛，前足明显游离蛹体卷缩在胸、腹前。

3）防治措施　发病初期可选用2.5%溴氰菊酯乳油3 000～5 000倍液，或90%晶体敌百虫1 000～1 500倍液，或50%灭蝇胺可湿性粉剂4 000倍液喷杀。

5. 蓟马（见彩图18）

1）形态特征与生活习性　成虫体小，长 1 ~ 1.2 毫米，淡黄色，翅狭长，透明，翅缘布满缨毛。若虫形态与成虫相似，1 年发生多代。以成虫或若虫在土块或枯枝落叶间或葱蒜类蔬菜的叶鞘内侧越冬。春季先在杂草上危害并繁殖，以后再逐渐迁移到藕田中。

2）危害　蓟马锉吸莲藕叶片及花的汁液，使之形成白色小斑点，严重时叶片卷缩，花枯萎，秕粒增加。该虫以 6 ~ 7 月天气干旱时危害重。

3）防治措施　用 50% 辛硫磷乳剂 1 000 倍液，或每亩用 10% 溴氰虫酰胺乳油 40 克，对水 30 千克均匀喷雾。

6. 金龟子　危害荷叶的主要是铜绿金龟子。成虫啃食荷叶，被害叶残缺不全，严重时叶片可基本被吃光。成虫体长 1.8 ~ 2.1 厘米，全身铜绿色。其卵略呈球形。幼虫体长 3 厘米，乳白色，头黄褐色。蛹长 1.8 厘米，黄褐色。成虫夜间活动，并具趋光性和假死性。防治可于 6 ~ 8 月用灯光诱杀成虫，也可用 80% 敌敌畏乳油 1 000 倍液喷雾。

7. 窠蓑蛾

1）形态特征　雌蛾无足无翅，蛆形，体长 10 ~ 16 毫米，黄白至黄色。头甚小，褐色。胸部略弯，有黄褐色斑。腹部肥大，末端尖，第 4 至第 7 腹节周围有黄色绒毛。雄蛾有翅，体长 10 ~ 15 毫米，翅展 22 ~ 30 毫米，褐至深褐色，体密被鳞毛。触角羽状。胸背有 2 条白色纵纹；前翅翅脉两侧色深，外缘近中部 M_3 与 Cu_1 间较透明，呈一长方形透明斑，外缘顶角下尚有一个近方形透明小斑。卵椭圆形，长 0.8 毫米，米黄至黄色。幼虫体长 20 ~ 35 毫米，头淡褐至深褐色，布有黑褐色网状斑纹。体米黄色，背面中央色较深，略带紫褐色。胸部背面有 2 条褐色纵带，各节纵带外侧各具一褐斑。各腹节背面有 4 个黑色突起，排成“八”字形。

2）防治措施

（1）人工防治　人工摘除蓑囊，采摘的蓑囊应放天敌保护器中，以利天敌回归田间再行寄生。

（2）药剂防治　在幼虫危害期喷洒 25% 灭幼脲 3 号悬浮剂 2 000 ~ 2 500 倍液，或 5% 氟虫腈悬浮剂 2 000 倍液，使幼虫不能正常蜕皮、变态而死亡。

8. 中华稻蝗

1）形态特征与生活习性　中华稻蝗一年发生 2 代。第 1 代成虫出现在 6 月上旬，第 2 代成虫出现在 9 月上中旬。以卵在莲藕田田埂及其附近荒草地的土中越冬。越冬卵于翌年 3 月下旬至清明前孵化，1 ~ 2 龄若虫多集中在田埂或路边杂草上；3 龄开始取食叶，食量渐增；4 龄起食量大增，且能咬食茎和叶，至成虫时食量最大。6 月出现的第 1 代成虫，若产卵于土中时，常选择低湿、有草丛、向阳、土质较松的田间草地或田埂等处造卵囊产卵，卵囊入土深度为 2 ~ 3 厘米。第 2 代成虫于 9 月中旬为羽化盛期，10 月中旬产卵越冬。

2）防治措施

（1）农业防治　①莲藕田附近田间杂草地是稻蝗的滋生基地，因此充分开发利用莲藕田附近荒地，是防治稻蝗的根本措施。②早春结合修田埂，铲除田埂约 3 厘米深草皮，晒干或沤肥，以杀死蝗卵。

（2）药物防治　田间中华稻蝗发生时，掌握 3 龄前若虫集中在田边杂草上时，选用 90% 晶体敌百虫 1 000 倍液，或 80% 敌敌畏乳油 1 000 倍液喷雾。

三、其他有害生物

1. 有害螺类　主要有耳萝卜螺、福寿螺、椭圆萝卜螺、尖口圆扁螺等。

1）形态特征与生活习性

（1）耳萝卜螺　外形呈圆锥形，贝壳薄略透明呈耳状。较大个体壳高达 2.4 ~ 3.2 厘米，宽 1.8 ~ 2.9 厘米。壳面淡黄褐色或茶褐色。螺旋部短而尖，体螺层膨大。雌、雄同体。

（2）福寿螺　又叫大瓶螺、苹果螺等。个体较大，一般个体 30 ~ 80 克，大者达 200 克以上。螺旋部较短，体螺层膨大，壳薄而脆，壳面光滑具光泽，呈淡绿橄榄色或黄褐色。雌、雄异体，雌螺厣（壳口圆片状的盖）中间凹平，雄螺的中央突起。

（3）椭圆萝卜螺　贝壳略呈长椭圆形，比耳萝卜螺稍小，体螺层均匀膨大，壳顶尖，壳面淡褐色或茶褐色，上面具生长纹。雌、雄同体。

（4）尖口圆扁螺　外形呈扁圆盘形，贝壳上下部平坦，中央略凹入。壳面淡黄褐色或灰褐色，具明显细致的生长线。这几种螺对环境的适应性强，常在水生植物较多的水域中栖息生长，冬季以成螺在土层缝中或植物下越冬。

2）危害　幼螺、成螺都可危害，啃食嫩芽、叶片、根和藕枝，使植株生长受到较大影响，甚至造成死亡。

3）防治措施

（1）农业防治　①冬季结合整田等消灭越冬螺或破坏其越冬场所。②进行人工捕捉，或在藕田中放养可摄食螺类的鱼类或其他经济水产品。

（2）药物防治　7% 贝螺杀，每亩用 50 克，加水 1 000 倍喷雾；或 80% 聚乙醛可湿性粉剂，每亩 300 ~ 400 克，加水 2 000 倍喷雾。

2. 青泥苔　青泥苔是藕塘（田）内大量繁殖起来的一些丝状绿藻类。这些丝状藻类包括水绵、双星藻、转板藻。

1）形态特征与生活习性　青泥苔喜欢在浅水处生长，起初像一堆深绿色的毛发附着水底，慢慢扩大，像罗网一样悬张着，衰老时形状像棉絮，一团团漂浮水面，颜色也变成黄绿色。生殖方式为接合生殖。

2）危害　青泥苔在藕田中大量繁殖时，不仅吸收水中大量养分，而且常附着于实生苗上，使植株生长变弱。如果塘（田）内混养鱼类等，小鱼游进藻类悬张的网中，不能出来而致死。

3）防治措施

（1）农业防治　在放养鱼种等水生经济动物的藕塘（田）内生长青泥苔时，可用草木灰撒在青泥苔上，使之得不到阳光而死亡。

（2）药物防治　①用硫酸铜全塘（田）泼洒，浓度达 0.7 毫克 / 升。②每亩用石膏 2.5 千克加水 200 升喷洒。

温馨提示：用 0.5% 硫酸铜在青泥苔生长处局部喷杀。混养鱼等水生动物时，应注意先将鱼等赶至沟、溜中，再用药物杀灭青泥苔并换水，以防鱼等中毒。

第五章　绿色莲藕的采收、储藏与加工

第一节　绿色莲藕的采收

莲藕到成熟时期，荷叶对地下茎的发育已经没有很大影响，可在挖藕的当天早晨或采收前数日将荷叶摘去，使地下茎停止呼吸，促使藕枝附着的锈斑还原，因藕皮脱锈后容易洗去，有利于藕的外表清洁。摘下的荷叶，晒干后作为包裹材料。

莲藕生育期一般早熟品种 130 天左右，中晚熟品种 160 ~ 180 天。成熟时虽然终止叶仍然相对较绿，但大部分立叶已经枯黄干死，表明新藕已充分成熟。采收时要先找出结藕位置（沿后把叶和终止叶向前就是结藕位置）。

一、莲藕的采收

1. 采收时期　挖藕的时间，因品种及其用途和地区不同而异。一般来说，莲藕采收分嫩藕和老熟藕 2 种。嫩藕供生食，而老熟藕淀粉含量高，适于熟食和加工藕粉用。早熟品种于 7 月上旬可采收嫩藕，老熟藕在处暑以后采收。凡是藕在土中能安全越冬的地区，采收期可延续到翌年春藕萌芽之前。

2. 采收方法　莲藕采收分嫩藕与老熟藕采收。嫩藕要在采收前 1 周割去地上青荷梗，可减少藕表皮上的锈斑。收老熟藕时可全部挖完，亦可隔行挖藕，全部挖完可防止残株和遗留莲子藕，避免翌年产生混杂；隔行挖藕，留下的作种，可免去翌年栽植，且长藕早。采收时要尽量避免损伤和折断，并保留其上的泥土。

当终止叶出现后，基部立叶叶缘开始枯黄时，标志着藕已成熟。在多数荷叶青绿时挖嫩藕一般不放干田水，因藕嫩、易断，应轻轻挖藕。荷叶枯黄后挖老熟藕，可先将藕田里的水排干。有经验的藕农，可视终止叶和后把叶之间的距离来推测藕头入土深浅。终止叶与后把叶之间的距离远，藕头入土深；反之，则入土浅。挖藕时，先挖上层，再挖下层，找到主藕的后把节后，将藕枝下面的泥掏空，然后慢慢将整枝藕向后拖出。北方沙土地区挖藕，可先将水放干，再用铁锹一层一层挖。目前采收莲藕最有效最快的方法是高压水枪冲挖技术，单人每天采收量可达 1 500 千克。

二、商品藕质量分级与标准

商品藕质量分级与标准见表 5–1。

表5–1　商品藕质量分级与标准

序号	项目	一级	二级	三级
1	藕形	本品种特征明显，新鲜健壮无皱缩，外观端正芽完整	本品种特征明显，新鲜健壮无萎缩，芽头基本完整	形状不限，但要新鲜健壮
2	损伤斑痕种类：破皮、斑疮、冻伤及压伤	4 项均不允许	4 项均不允许	有 1 ~ 3 处斑痕，但总面积不超过 3 厘米^2
3	色泽	具有本品种色泽，全藕均匀一致	具有本品种色泽	个体间色泽无明显差异
4	最粗处直径	7 厘米以上	6 厘米以上	5 厘米以上
5	允许污泥情况	全枝无可见泥痕	节段上稍有泥痕	允许有薄泥层
6	病斑	不允许	不允许	1 ~ 2 处，面积不超过 2 厘米^2
7	节段数	4 段以上	3 段以上	不限
8	可溶性糖（%）	>2.0		
9	淀粉（%）	熟食藕或加工品种 >55		
10	农药残留	NY / T 1583—2008　GB2763—2005 执行		

第二节　莲藕的储藏

一、储藏特性

莲藕是我国大面积栽植的水生蔬菜，含水量较高，皮薄，易受损伤，收获后又改变了其生存环境，造成其生理变化加剧，通常出土后在自然环境中储藏 3 ~ 5 天就可出现表皮褐变、萎蔫等现象，进一步储藏时，则内部可食用部分也出现褐变，同时组织纤维化，严重影响食用品质。莲藕褐变的主要原因是由于莲藕本身含有易褐变的生物因子，如多酚氧化酶及酚类物质。因此，对莲藕进行储藏保鲜，具有重要的经济意义。

莲藕喜阴凉，对湿度适应范围较广；加之采后具有较长时间的休眠期，因此，适用于泥土埋藏。泥土湿度不同，效果也不一样。泥土较干，莲藕易失水，但腐败发病较慢；泥土较湿，藕不易失水，质地鲜嫩，但稍有创伤、病害或折断，易腐烂霉变。因此，应选择藕体健壮、根茎完整、品质好的产品储藏，泥土含水量宜大。

储藏用的莲藕要选择质地坚实、藕肉肥厚、含水量少的产品。入储前稍带泥土，还需经过严格挑选，剔除有机械伤、病害、细瘦藕。另外，由于藕外包有一层烂泥，在挑选时，可能会有部分带病、带伤的藕未被发现而储藏起来。因此，在储藏后定期检查时，一定要认真细致，变质的藕要及时剔除。

二、常规储藏技术

藕挖出后，一般不耐储藏。冬天可储藏 1 个月，早秋和晚春仅可储藏 10 ~ 15 天。一般藕农把田藕留在地里不挖，使其在田中越冬储藏，以后随售随挖，而该种方法被称为地下储藏。

莲藕皮薄肉嫩，保护层差，容易损伤，加之果胶物质分解快，在空气中暴露时间略长，表皮就容易变成淡紫色，进而转变为铁锈色，严重影响其商品价值和食用价值。因此，储藏的藕要求老熟，藕节完整，藕枝带泥无损，藕节折断处用泥封好。储藏时不可堆放太厚，其上应薄盖荷叶及水草，经常浇水，保持高湿和 5 ~ 10℃ 的温度。常用的储藏方法有以下几种：

1. 泥土埋藏法　莲藕收获后立即埋藏于室内或室外露地。室内埋藏时，先用砖或板条箱、木板等封围成埋藏坑，然后，一层泥土，一层藕，共铺 5 ~ 6 层，再覆一层厚 10 厘米的细泥土。储藏用土要细软略潮，手捏不成团。在水泥地坪上储藏时，先用木板或竹架垫起 10 厘米高，形成隔底，然后铺一层厚 10 厘米的细泥土，再放一层藕，如此一层泥一层藕铺放。这样既有利于藕的呼吸，又可防止有害微生物的侵害。埋藏时，莲藕要按顺序一排排放平，避免折断，并要便于检查。

在室外露地埋藏时，应选地势高、背风避光处，将泥和藕分层堆积成斜坡或宝塔形，外表用泥盖严，周围挖好排水沟，防止积水。雨天及时遮盖，防止冲散泥土。储藏期间，每 20 天翻堆检查 1 次，剔除有病腐烂的藕，这样一般可保存 30 天。同时要采取防冻措施，即上面用水草或洁净的湿稻草盖严，经常洒水，保持湿润，以防受冻或发热及干缩。莲藕不耐低温，在温度低于5℃以下时会产生冻害，在储藏期间需维持温度在5～10℃。此法仅限于短时间储藏。

2. 泥浆涂藕储藏法　选用黄土，将其打碎并去除沙石等杂物，加水调制成糊状，然后将整枝藕放入此泥浆中浸渍，待藕枝均匀裹上泥浆后取出并装入箱内或草包内，捆好即可。此法适于短期储藏。若泥干脱落，可再依上法浸渍1次。

3. 水藏法　藕挖出后，稍洗一下，装入蒲包，每70千克左右装一包。然后将其放在1米多深温度较低的水中，使蒲包下不贴泥土上不露出水面，并且在上面盖一层水草，厚6～10厘米，防止太阳直射。这样，即使结冰，也只冻一层水草，包内的藕不会受冻，因此可以随时取出出售。也可将采收的藕带泥运回，放入水温保持在5～10℃的水池内，可保鲜1个月左右。

4. 浓盐水储藏法　用27份食盐与73份水配制的浓盐溶液储藏，具有实用、储藏期长的优点。将待储的莲藕洗净泥土，去除藕节（也可保留藕节），放入此盐水中，即可长时间保藏。用此法储藏时，必须使莲藕全部浸没在水面以下，以使莲藕保持洁白。我国对外出口的莲藕多采用此法，但存在运输费用大、食用前需脱盐等弊端。

5. 塑料薄膜帐储藏法　藕挖出后，立即放入薄膜帐中储存。采用此法时，塑料薄膜帐子不需密封。储藏后，因藕的呼吸和蒸腾作用，会使帐内二氧化碳含量和空气湿度过大，因此要定时透帐，使湿度和气体成分保持在一定范围，一般隔1天揭开帐子透气1次。这样，经过50天，藕自然损耗仅2.5%。超过76天后，藕腐烂率增加，脱水现象也较严重，不宜再继续储藏。此法用于大量上市时的短期储藏较为适宜。

6. 塑料薄膜袋储藏法　将洗干净的莲藕装于塑料袋中储藏，效果良好。具体做法是：将莲藕清洗干净，用特克多防腐剂（500毫克/千克）浸泡处理1分后取出，晾干，装入110厘米×30厘米、厚0.03毫米的聚乙烯塑料袋内，扎紧袋口。经1个月的储藏表明，储于低温中的失重率为0.71%，腐烂率为2.4%；储于常温下的失重率为3.0%，腐烂率为10.91%。

三、莲藕真空储藏保鲜技术

莲藕及其制品，一直是我国传统出口商品，在国际市场上享有很高的声誉。过去，我国出口的主要是盐渍莲藕和莲藕罐头。现在随着人们营养意识的增强，市场更多地要求有原汁原味的保鲜莲藕供应。为此，何建君等研制出了整枝藕及藕瓜、藕片、藕丁、煲汤藕等分割净菜莲藕，储藏60天以上，仍保持原有的色、香、味不变的真空储藏保鲜技术，满足了外销的要求。其技术要点如下：

1. 工艺流程　莲藕采挖→选藕观色、冲洗污泥→清水洗藕→清水浸泡→挑选莲藕→切除次藕→切节、活水洗净→莲藕分级→剔除莲藕斑块→无菌水冷处理→沥水→护色保鲜→沥水→真空包装→冷库储藏→检验→装箱→出库→冷藏运输→超市销售。

2. 操作要点

●莲藕采挖。采挖时不要损伤藕体，对于藕孔灌有污水的，一律不能用。用水枪采藕时，要把枪头水调散，防止水力过大损伤鲜嫩的表皮。泥中取藕时，注意保留后梢藕节，防止污水灌入藕孔。

●洗泥和清洗。清洗莲藕加工前，首先用水枪远距离散水冲洗，尤其是藕节缝中的污泥要冲洗干净。然后放在第 1 道清水池里用毛巾或软刷轻洗；洗完后再放入第 2 道清水池里浸泡 20 分，选择个体大小一致、无病虫伤害、无斑无锈、藕孔无泥浆的进入下道工艺处理。

●切节、活水洗净。切节、活水洗净的莲藕，切除前节藕头和老化的尾梢，进入下轮工艺。切节后的藕筒（节段），又叫藕瓜。最好是在水龙头的水流下切节，除掉藕与节中间的泥浆。节切好后，为确保藕瓜表皮和孔中的高度清洁卫生，不能用反复洗藕的污水冲洗，而应用自来水冲洗，否则，孔内就会灌进脏水。

●挑选。按照产品规格的要求进行分级挑选，用于整枝藕保鲜的，要求藕径大小、藕体长短尽量均一，且整体较直。挑选剩的莲藕可生产藕瓜、藕片、藕丁、煲汤藕等。

●预冷。分级挑选后要立即进行预冷处理。冷处理的方法是，先将水烧开，冷却到 3 ~ 8℃，气温高的季节，可加无菌冰块降温，或用地下深井水。再将备选的莲藕倒入桶内，浸泡 12 小时（莲藕不能浮出水面）进行冷处理，以降低新鲜莲藕的呼吸作用和酶活性，稳定维生素 C 和淀粉的含量。

●沥水。莲藕经冷处理后捞起，藕孔朝下摆放沥干水分（特级放置 24 小时），待藕体表面自然干燥和孔内无水滴出为止；然后再经过严格的检验，把莲藕表皮已见褐变的嫩藕清除掉，1~3 级莲藕捞起沥干后，再转入 1.5% 柠檬酸溶液中浸泡 5 ~ 8 小时，同样莲藕不能浮出水面，最好使用不锈钢铝板压住藕体以免上浮。达到规定的浸泡时间后，重新捞起沥干水分，达标的优质莲藕送入真空包装无菌室进行真空包装。

●去节、去皮、切分。整枝藕保鲜不需此段工序，对分割莲藕，此段工序需严格规范操作，要求去皮干净彻底、切分均匀一致。

●杀菌液浸泡。用次氯酸钠、特克多、强力安等杀菌液浸泡 5 ~ 10 分，以尽量减少原始带菌量，浸泡温度为 5 ~ 10℃。

●护色保鲜液浸泡。经杀菌液浸泡并沥水后的莲藕，迅速用氯化钙、柠檬酸、维生素 C 等混合配制的护色保鲜液浸泡 30 分，温度为 5 ~ 10℃。

●真空包装。真空袋选用 13 丝（1 丝 =0.01 毫米）的塑料制作品为好，包装后的袋口不能有折叠的痕迹，否则，抽空不彻底，3~5 天后真空包装袋内就会因吸入空气而松散，达不到真空保鲜的效果。

●低温储藏与检验。将包装后的莲藕装入塑料筐，按顺序摆放好，随即进入冷库储藏，库室温度控制在 3 ~ 5℃，可存放 30 ~ 60 天。也可放入家庭冰箱保鲜屉内储藏，效果同样好。莲藕出冷库装箱销售时，需再次检验，清理掉真空袋封口不严、袋内有水汽或个别变质的莲藕，严把出库关。长距离运输或出口，一定要采用冷藏运输车，车库内温度保持 5℃左右为宜。

●冷藏运输。为防止莲藕因温度波动幅度较大而产生的厌氧呼吸，故在成品运输过程中宜采用冷藏（5 ~ 10℃）运输。

进行莲藕保鲜加工，使其保鲜期达 60 天以上，可出口创汇并满足莲藕产区的迫切需要，充分利用我国丰富的优质资源，增加经济效益和社会效益。

3. 莲藕储藏温馨提示

●每株前节的嫩藕、小枝藕（子藕和孙藕）或成熟度低的鲜嫩藕，不能作藕瓜真空保鲜处理用，否则，莲藕在真空袋内表皮易质变至呈褐黑色。

●不能用作藕瓜真空保鲜的次品，可刨皮做藕片、藕丁保鲜处理，莲藕的老后梢可加工藕粉，提高莲藕利用率。

●莲藕真空冷藏保鲜，一般在晚秋至冬季为好，该期为莲藕的集中采收时段，成熟度完善，有利于保鲜处理和提高莲藕的精品率。

●莲藕最好选用晚熟品种，早熟品种迟收的，莲藕老熟过度，部分莲藕因有酒精味而不能用。特别是湖藕最好当天采挖，当天处理完，不留隔夜藕。

●净藕真空保鲜要好于泥藕。有人认为，莲藕带泥真空保鲜优势性会更好。但研究表明，带泥莲藕真空保鲜，短期内保鲜效果好，但储藏期超过 15 天后，储藏效果就不如净藕。因为泥藕没经过消毒处理，内带有细菌，在一定湿度下易滋生菌体，表皮易发生质变，而后逐步腐烂。而净藕保鲜可达 30 ~ 60 天。再则，如果消费者买回泥藕后，如冲洗时，将泥水灌入孔内，不利于清洗食用，而净藕打开后，清水易冲洗，切块后即可下锅烹调。

●净藕真空保鲜在冬季室内常温（10 ~ 15℃）条件下储藏效果很好，适于春节前后的鲜藕供给。但常温条件下放置不能超过 20 ~ 25 天，否则，紧缩的真空包装袋会逐渐鼓气，因为整节在气温适宜的条件下还有呼吸作用。采用质量好、封口严的包装袋，气体无法与外界流通，只要内部没有水汽和活动的水体，鲜藕就不会质变，可及时取出食用。

●试验研究表明，净藕真空保鲜及低温储藏，无须刨除表皮，有利于营养成分的稳定，保持原汁原味效果好，不仅储藏时间较长，而且还能减轻工艺中的人工花费，节省开支。

●对于表面有损伤的和褐色斑块的莲藕，用刀剔后，最好用保鲜剂溶液处理，否则，储藏期刀口表面会有黏液渗出。

第三节　莲藕的加工

一、莲藕制品的加工

1. 藕粉

1）工艺流程　选藕→洗藕→去节→磨粉→过滤→沉淀→沥水→削片→晒干→杀菌、包装。

2）操作要点

●选藕。宜选充分老熟的新鲜藕，因其节粗、出粉率高，品质好。

●洗藕。用清水浸泡后，经多次反复冲洗，洗去藕枝上的淤泥、锈斑等。

●去节。用刀切去藕节，只用藕段。

●磨粉。用粉碎机把藕段磨成浆状，并收集在缸内，磨得越细出粉率越高。

●过滤。将磨碎的粉浆盛在布袋中，下接大缸等容器，用清水向布袋内冲洗，边冲洗，边搅拌，直到将藕渣内的藕浆洗净为止，滤去粗渣。

●沉淀。滤下的粉水在清洁的容器中沉淀后，倒出上部清水，并去除杂质，然后将湿藕粉转入另一容器中，再加水搅拌成浆，继续进行漂洗沉淀。如此多次，便会得到质细、色白、洁净的湿藕粉。

●沥水。将得到的洁净湿藕粉装入布袋中，用绳吊起，沥去水分，使之成为粉团。

●削片。将吊干水的粉团取下，先切成方坨，再切成薄片，要求大小一致，厚薄均匀。

●晒干。将切成的小薄粉片放在阳光下晒干或放入烘房中烘干。应保证当天晒干或烘干，以保证色白、味正、质优。

●杀菌、包装。将晒干的藕粉片用紫外线灯光照射 2 ~ 4 小时进行消毒杀菌，然后用聚乙烯薄膜分量包装封口，即为成品。

3）质量要求　成品呈白色，不含杂质，食用舒适爽口，水分含量不超过 13%，符合藕粉质量及卫生标准。2.7 千克鲜藕可制 1 千克藕粉（干），每 500 克 4 元左右。

2. 藕脯

1）选原料　选择表皮微黄、肉质洁白、直径为 4 ~ 5 厘米的鲜藕；白糖应洁白透明、符合卫生标准，不能用黄色、含杂质较多的劣质白糖。

2）预加工

●将藕放在干净的水中清洗干净，切掉藕蒂，再在净水中漂洗几次。

●配制好 2.5% 的氢氧化钠（烧碱、火碱）溶液，溶液加温达 90℃；把洗净的藕放入，不断搅动；当藕的表皮开始脱落时，即可捞出放在清水中冲洗，直到藕皮完全去掉为止。

●把去皮的藕切成 5 毫米厚的藕片，立刻放入 0.5% 的亚硫酸氢钠溶液中浸泡 90 分，然后漂洗干净。

●藕片经过上述处理之后要进行预煮，这样既能抑制微生物和酶的作用，防止氧化变色，又可适当软化藕片，使糖分易于渗入。预煮的藕片以略微变软为度。

3）浸煮

●配方。鲜藕 50 千克、白糖 25 千克、柠檬酸适量。

●配制糖液。清水 18.5 千克、白糖 12.5 千克、柠檬酸 60 克。用清水将白糖溶化，加入柠檬酸，充分搅拌后，糖液的 pH 保持在 2 ~ 2.5 即可。这是第 1 次浸煮液。第 2 次浸煮液可用第 1 次浸煮后的糖液配制，或重新配制。不论怎样配制，第 1 次浸煮液的含糖量为 40%，以后各次浸煮液的含糖量比前次多 10%，但 pH 均需控制在 2 ~ 2.5。

●煮制。将第 1 次浸煮液煮沸，再把预加工好的藕片放入，煮制时不断翻拌。当藕片软化时，连同糖液一起倒入缸内浸泡 24 小时。之后将藕片放入第 2 次浸煮液中浸煮 15 分，然后连糖液倒入缸内浸泡 24 小时。第 3 次浸煮 10 分，浸泡 2 天。最后捞出沥干糖液即为半成品。

●注意事项。不论是预煮还是浸煮，都不能用铁锅，因为用铁锅容易生成黑色物质，影响产品质量。

4）烘烤　将煮制好的藕片置于65℃左右的烘房内烘干，然后上糖衣。上糖衣的方法：用50%的蔗糖，1.67%的淀粉糖浆，33.3%的水配制成溶液。煮至113℃，离火冷却到93℃，再将烘干的藕片放在糖液内浸渍2分，取出沥干。然后放在50℃的烘房内烘干。烘干后的藕脯经过整理，即可包装入库。

3. 速冻藕片

1）工艺流程　原料→挑选→清洗、去皮→切片→护色→漂洗→烫漂→冷却→沥水，冻结→包装→冷藏。

2）操作要点

●选料。以白色鲜藕为宜（不用紫色藕），无腐烂变质，孔中无严重锈斑，藕节完整。同时按藕秆直径的大小适当进行分级。

●清洗。采用高压水冲洗藕表面的泥沙及残留物，然后再投入不锈钢池中用流动水进一步清洗。

●去皮。用不锈钢刀去掉藕节，用不锈钢刀片或竹刀片刨去表皮，并将机械伤、斑点等除净，再用清水冲洗干净后即浸入1.5%柠檬酸溶液中暂时保存，以防色变。去皮时应注意厚薄均匀，表面光滑。

●切片。用不锈钢刀将藕直切成约1.0厘米厚的薄片，要均匀一致，同时注意形状完整。然后及时投入护色液中。

●护色。鲜藕含水量达78%左右，切片后置于空气中极易产生褐变。一般选用焦亚硫酸钠、柠檬酸、氯化钠作为护色剂。结果表明，当焦亚硫酸钠浓度为40毫克/千克、柠檬酸浓度为1.5%、氯化钠浓度为1%时，效果较好。

●漂洗。以流动的清水漂洗。漂洗时间过短，速冻藕片呈酸性；漂洗时间过长，将失去护色的作用。因此，漂洗时间以刚好去除藕片中的酸性为最佳。流动水漂洗一般在2～3小时为宜。

●烫漂。漂洗后的藕片立即投入到烫漂机中，水温一般为（98±2）℃，时间25～40分，适当翻动，使其受热均匀，以食之无生味为宜。烫漂程序要严格掌握，若烫漂过度会变软、变色，失去应有的脆性，影响产品品质。另外，烫漂液中需加入0.1%～0.8%柠檬酸以防止藕片变色。在烫漂过程中，每隔半小时添加原总量的1/10以维持酸浓度。

●冷却。藕片烫漂后的余热将加速藕片中可溶性成分的变化，使藕片的色泽变暗，同时也为微生物的生长繁殖提供了条件。故烫漂后，必须在短时间内快速冷却。

●沥水。将藕片表面的水沥干，如果藕片表面的水分过多，冻结时容易成块，既不利于包装，又影响外观，还常与设备冻结在一起，影响正常生产。本工艺采用离心机沥水，沥水以离心机开动后 8 ~ 10 分，然后关机直到停机为准。

●冻结。藕片经冷却沥水后应立即送入速冻装置。

4. 盐渍藕

1）工艺流程　原料→挑选→清洗、去节→去皮分段→盐水浸渍→分级→包装→防腐。

2）操作要点

●原料选择。选直径 6 厘米以上的成熟藕，呈乳白色或米黄色，剔除小藕、僵藕及带有病斑和虫眼的藕。

●清洗去节。将藕反复清洗干净，除尽泥沙，然后切断，除去藕节。

●去皮分段。刨去藕皮，进行分段，分为头段（嫩藕）、中段（壮藕）和梢段（细藕），剔除不合格藕段。

●盐水浸渍。藕段先在 13 ~ 14 波美度的盐水中浸 1 ~ 2 天，再移到 17 ~ 18 波美度（接近饱和）的盐水中浸泡 2 ~ 3 天。温度高时，可提高浓度，缩短浸泡时间。

●分级、包装、防腐。根据不同等级（藕段），分装在 25 升的塑料软桶中，藕水各占 1/2，并加入适量的柠檬酸和明矾，防腐、保鲜、保色，桶外用纸板箱包装，印上商标、规格和日期等。江苏省宝应县獐狮荡乡加工的盐渍藕，年出口 2 万吨以上，创汇近 1 000 万美元。

5. 咸藕　将藕节粗长的大藕洗净去皮，切段，按每 50 千克鲜藕加食盐 10 ~ 12 千克的比例，一层藕一层盐装入缸中，上部多撒些盐，最后从上部淋入 10 千克水，用竹席或木条将其压实，防止藕漂浮。隔 2 ~ 3 天倒缸 1 次，经 20 天左右可以腌好，即成咸藕。咸藕可以进一步加工成酱菜。腌藕时，有的先将藕片用开水焯一下，用凉水过一下后用盐分层腌制数天，即成成品。这时可以封缸储存。

6. 酱藕片　将鲜藕腌成咸藕后切成小片，放入清水中浸泡 1 ~ 2 天，咸味变淡后捞出，滤干表面水分，装布袋放入甜酱缸中酱制，每天搅动 2 ~ 3 次。4 天后捞出见风 1 次，然后再放回，经 7 ~ 10 天，即为成品。成品呈酱红色，咸甜嫩脆。

7. 糖水莲藕罐头

1）工艺流程　原料→去皮→切片→护色→预煮→冲凉→分级→配糖液→装罐→封罐（排气）→检查→杀菌→分段冷却→擦罐→保温处理→入库。

2）操作要点

●选新鲜、成熟适度、乳白色的藕。藕节分段后放入冷水锅中加热煮沸至藕稍软、用筷子轻刮能去皮时，放入冷水中浸泡。

●冷却后用竹签刮去藕皮，切成圆片，厚0.5厘米。

●切片后，立即投入0.02%～0.05%焦亚硫酸钠和0.1%柠檬酸溶液中护色。

●预煮水为0.1%～0.2%柠檬酸+0.1%～0.15%氯化钙溶液，再加入0.02%～0.05%焦亚硫酸钠溶液，加热烧沸后放入护过色的藕片，沸腾后再煮3～5分。

●煮透，至无白心时捞出，在流动冷水中冲凉，至不黏手时，将藕片按大小分为两级，分别装入玻璃罐头瓶中，再注入糖液。

●糖液应先配好，用折光度计测定，糖液浓度应为24%～26%。在糖液中加入0.2%～0.4%柠檬酸，使pH为3.0～4.1，再加入0.2%～0.3%氯化钙溶液。加入柠檬酸后不能过夜，要随用随加。

●糖液向罐头瓶中注入时，温度应在80℃以上。装糖液后趁热封罐，并立即放入杀菌锅中，在100℃水温中保持55～60分进行杀菌。

●杀菌后分段冷却：用70℃、60℃、50℃ 3种热水冷却，在每种温度中保持5分。

●最后，当罐温降低到40℃时取出，擦干瓶盖和瓶上的水，放入35～37℃的温室中保温5～7天，无病菌污染时入库。

8. 清水莲藕　选横径在8厘米以上、组织充实、孔道细、叶芽较长、无烂伤及污染的藕，洗净淤泥，切去藕蒂，除去藕皮后立即投入1.5%盐水中护色，浸泡不超过15分。捞出后，放入0.1%～0.15%柠檬酸液中煮沸10～15分，待煮透后置于流动清水中冷透，再切成长10厘米的藕段，装入罐中，注满沸水，使藕全部埋入水中。加水时若在水中加入1%食盐，能改善藕的色泽。藕装入罐中后，放入排气箱内，加热至75℃进行排气，然后用封罐机封罐，再置于杀菌锅内用108℃蒸汽杀菌60分。

9. 泡藕　鲜藕2千克，老盐水2千克，红糖20克，白菌10克。藕洗净后从节缝处切断，晾干表面的水。将老盐水、糖、白菌装入泡菜坛中，放入藕，盖住坛口，经3～7天即可食用。

10. 糖藕片　鲜藕13千克，浸入明矾水中，以防变黑；另将明矾水烧沸，投入藕片，煮熟后捞出，倒入清水中浸泡12小时，捞出控干，再放糖液中煮（白糖10千克，先用5千克制成糖水，将控干水的藕片放入浸泡20小时，再同糖液一起煮沸）。40分后，藕片呈金黄色时，再加入白糖3千克，继续煮20分。起锅，倒入容器中糖浸24小时，滤出原糖液。另用白糖2千克，配少量开水，同浸好的藕片一起入锅煮半小时，不断搅动，使糖均匀地渗入藕片中，待温度升到110℃、糖呈结珠状时离锅，冷却即好。

11. 甜藕丁　将咸藕切成0.5厘米见方的丁，放清水中去盐后控干，置阴凉处阴干2天，再装入布袋，投入面酱中酱腌15天，取出，控干咸汁，投入另一腌制容器中。每10千克咸藕拌入白糖6千克，每天翻拌1次。5 ~ 6天后，白糖浸透藕丁，表面光亮时即成。

12. 糖醋藕片　藕10千克，白糖3千克，醋、盐各1千克。藕去皮，洗净，切片，用盐腌1小时后压干水；再将糖、醋对水烧开，凉后泡入藕片。也可将藕片放入开水中焯一下，再加入糖醋液，置缸中腌几天。若在装坛时加入些辣椒丝，可使颜色红白更加分明、鲜艳。

13. 莲藕饮料　选择成熟度适中、新鲜肥大、皮薄肉厚、纤维较少、脆嫩的藕，采用人工或滚动式洗涤机清洗。用不锈钢刀去皮后立即投入2% ~ 4%食盐和0.1% β－环状糊精混合液中浸泡2天，再用流动水漂洗20分后装入破碎机内破碎，反复破碎2 ~ 3次，然后投入榨汁机内榨汁。剩下的藕渣，再加入5% ~ 20%清水，搅拌后，再压榨1次。将这2次压榨的汁液混合均匀，用4层纱布过滤，滤液中加入0.3% β－环状糊精，加热到80℃。冷却后用硅藻土过滤机精滤得澄清藕汁。再用50%糖浆将藕汁糖度调到11%，同时加入0.05%维生素C，然后采用超高温瞬时杀菌器杀菌，在135℃条件下杀菌5 ~ 10分，然后冷却至86 ~ 90℃。将杀菌后的藕汁立即装入消过毒的瓶中压盖密封，然后再在100℃常压下杀菌10分，冷却后包装、装箱即成。

14. 脱水藕干

1）工艺流程　选择→去泥、去皮→清洗→切块→护色→烫漂→挂浆→干燥。

2）操作要点

●莲藕选择。选择全成熟的白莲藕，出品率高，颜色白，产品外形平整，不会产生表面收缩现象。

●去皮。生产出口产品应人工去皮，因用该方法得到的产品比机械去皮质量好。

●切块。藕块大小以客商要求的商品规格而定。

●护色。在生产过程中，脱水藕干在去皮、切块、烘干前至烘干水分含量为30% ~ 40%时发生褐变。所以去皮、切块后应随时浸泡在护色液中护色。护色液主要由0.1%亚硫酸钠溶液、0.15%氯化钙溶液和柠檬酸（调pH3 ~ 4）组成。浸泡时间根据需要一般控制在30分。

●烫漂。沸水烫漂3 ~ 5分灭酶，控制酶促褐变。

●挂浆。挂浆液是由护色液加5%淀粉组成，淀粉要用纯淀粉，而用变性淀粉更好。脱水藕干在加工过程中因其干燥时间长易褐变，且水分含量为30% ~ 40%时亚硫酸钠受热分解，所以应进行挂浆。若不挂浆，当干燥至含水量30%～40%时，亚硫酸盐已分解完，起不到控制褐变的作用，若增加亚硫酸盐的用量，又会造成产品中二氧化硫的残留量超标。而通过挂浆处理后，淀粉将亚硫酸盐吸附包裹在内部，控制释放，减缓分解速度，达到防止褐变的效果，且淀粉不对产品质量产生任何不良影响。

●干燥。采用中温中速干燥，保证产品表面平整，没有收缩现象。温度控制在70℃左右，需5小时。热源用蒸汽供热最好，也可用热风炉供热风。

二、莲子制品的加工

1. 肉莲　莲蓬采收后剥出的带壳莲子称壳莲。干壳莲经剥壳机或手工刀去壳后即成肉莲。一般每40～55个莲蓬可剥1千克干壳莲，而100千克干壳莲可剥61～67千克肉莲。

2. 糖莲子　将除去衣膜（种皮）的莲子置0.2%柠檬酸液中煮透后，捅去莲心，进行糖渍，即将砂糖20千克、清水10千克加热溶解成糖液，倒入莲子60千克，浸泡12小时沥去糖液，再将糖液煮沸，加入砂糖10千克，溶解成浓度约为80%糖液，然后将其倒进盛有莲子的容器内继续糖渍24小时。糖渍后，将莲子与糖液一同倒入锅内煮沸20分，使莲子均匀吸入糖液，至糖液浓度浓缩到滴入水中能成团珠时沥去糖液。将莲子倒入另一锅内，不断搅动，待温度稍降后趁热拌入糖中，使其均匀地粘到莲子上。然后，将其放到烘盘上，移入烘房，用60℃的温度烘干，晾凉后装入塑料食品袋中。

3. 糖水莲子　选干燥、饱满、无病、无虫、无机械伤的莲子作为原料，放清水中浸泡10～20小时，一般以浸透不裂口为止。然后置3%～5%氢氧化钠溶（碱液）液中煮1～2分，并立即用搓洗机搓擦，去掉莲子衣膜；或将浸泡后的莲子与沙按2：1的比例混合，放入盆中，用水浸没搓擦，然后冲水去掉沙和衣膜，即得洁白的莲子。将莲子放入流动的水中漂洗30分，洗净碱液。把浓度为0.1%～0.2%柠檬酸液加热至60～70℃时倒入莲子，升温至95～98℃，经3～5分，煮至酥软时放入热水中，分段冷却后捅去莲心，剔除碎屑和有斑点、虫蛀、变色、烂心的莲子。按色泽、大小分级，并将整莲子与半莲子分开，分别装入玻璃罐中。360克的旋口玻璃罐装莲子210～225克，另加糖液135～150克（清水65千克、砂糖35千克，加热煮沸后用3层纱布滤去杂质，配成浓度为35%～37%的糖液），放在排气箱中排气，然后放入杀菌锅内110℃杀菌45分，再分段冷却至37℃。擦干罐上的水，进库待检验合格后贴上商标出售。

4. 银耳莲子罐头　这种罐头集银耳与莲子的营养为一体，是很好的营养食品。

1）工艺流程　原料挑选→浸泡→预煮→冷却→分选装罐→杀菌。

2）操作要点　选外观洁白、无莲心的莲子，加水浸泡 10 ~ 20 小时，以浸透裂口为准。银耳选洁白无斑痕者，浸泡 4 ~ 6 小时，剪除木质菌柄，清水漂洗。把 0.1% ~ 0.2% 柠檬酸加热至 60 ~ 70℃时，投入莲子，升温至 95 ~ 98℃，持续 3 ~ 8 分。注意升温，以莲子在 10 分内煮至酥软为准，不可过度，以免造成莲子破烂；也不能过生，防止发生胀罐变质。预煮时，莲子与柠檬酸的比例为 1 ：（2 ~ 3）。莲子煮好后，分段冷却、装罐，每罐装入莲子 140 ~ 150 克、银耳 50 克，并灌满糖水。糖水中的糖度以 25% 为最好，一般不得超过 30%，另加 0.1% ~ 0.15% 柠檬酸、水约 75%。莲子属非酸性食品，装罐后必须进行高压杀菌，即在 100℃沸水中维持 80 分基本可达到灭菌的要求。

5. 莲子泥　将莲子浸泡后，用绞肉机绞成泥状，加入适当比例的糖、油，煮制后起锅、装罐、灭菌即可。制作莲子泥时，为改进风味，可加入 7% 奶粉，制成奶味莲子泥，也可加入 0.3% 食盐等。

此外，莲子还可以加工成多种产品，如莲子酒、莲子八宝粥等。

三、莲藕烹饪加工

1. 藕丝、块类

1）干炸藕丝

原料：鲜藕 500 克，植物油 500 克，面粉适量，精盐、味精、花椒面各少许。

加工：藕洗净切丝，将面粉、精盐、花椒面、味精一起和水调成糊，放入藕丝拌匀，待油烧到四成热时倒入油锅内，炸成金黄色，用漏勺捞出装盘即可。

特点：藕丝松、脆、鲜。

2）糖醋炒藕丝

原料：鲜藕 500 克，植物油 15 克，白糖 10 克，醋 10 克，酱油 5 克，花椒 10 粒，淀粉、味精、盐各少许。

加工：将藕去皮节，洗净切丝，然后用开水焯一下，立即捞出放少许盐略渍一下，迅速用清水洗净，可保藕不变色。油锅烧热，放入花椒，炸香后捞出。将藕丝下锅爆炒，加入白糖、醋、酱油，藕着色时适量味精，淀粉勾芡即成。

3）素排骨

原料：鲜藕 200 克，白糖 100 克，淀粉、苏打粉、食盐、味精、面粉、酱油、醋、植物油各适量。

加工：将藕切成一字条状，将苏打粉、食盐、味精、面粉用水打成糊，把切好的藕条放入糊中，搅拌均匀。油锅烧至八成热时，把带糊的藕条逐个放入油锅，煎至淡黄色，起锅，待全部煎完，稍冷却后再全部倒入油锅，炸至金黄色起锅盛出。另用锅放入水 400 克、糖 100 克和适量的酱油、醋，烧开勾芡，将炸过的藕条全部倒入锅中，加入热油。炒拌混匀，装盘即可。

特点：成品色泽金黄，外酥里嫩，酸甜适口。

4）蜜汁江米藕

原料：藕 500 克，江米 150 克，桂花糖 40 克，蜂蜜 100 克，白糖 150 克，猪油 10 克。

加工：藕洗净切去一端藕节，江米浸泡 3 个小时，捞起晾干。从切去藕节的一端灌满江米，用大武火蒸熟，凉水浸泡 2 分，撕去藕皮晾干，切去藕节另一端，从中间剖开，切成 3 毫米厚的块，整齐地摆在碗内，撒上白糖 100 克，上笼蒸 10 分，取出扣入盘内。锅放火上，将盘内的汁滗入，下入白糖 50 克、蜂蜜、桂花糖炒成汁，淋入猪油，起锅浇在江米藕上即成。

2. 藕片类

1）炸藕夹

原料：中段鲜藕 1 000 克，猪肉 350 克（糟肉为主），面粉 250 克，鸡蛋 2 个，植物油 1 000 克，精盐、酱油、麻油、料酒、味精、葱花、姜末各适量。

加工：将猪肉剁成肉泥，加入精盐、酱油、麻油、料酒、葱花、姜末、味精拌匀，制成肉馅。藕切节去皮，顶刀切成 7 ~ 8 毫米厚的底部相连的合页形藕夹，将肉馅夹入，然后放入面粉和鸡蛋打成的蛋糊中拖一下。锅内放入植物油，加热到五六成热时，放入藕夹，炸脆捞出，控油装盘。食用时，若带些花椒盐或蘸上醋，则别有风味。

特点：成品色泽金黄，外脆内嫩，鲜咸香美，油而不腻。

2）西湖藕饼

原料：去皮莲藕 154 克，碎肉 230 克，洋葱 57 克，芫荽 1 棵切碎，葱末少许，粟粉 2 汤匙，面粉 1 汤匙，冬菇 2 枝，鸡蛋 2 个，盐 1/2、酱油、胡椒粉、麻油、味精各适量。

加工：莲藕磨成蓉，洋葱切碎，冬菇浸软切细粒。然后将所有切碎的材料混合，放入碗中，加入调味料。鸡蛋 2 个及粟粉 2 汤匙、面粉 1 汤匙放入上述的材料中拌匀。用少许油将混合材料分成小份，慢火煎成饼即成。

3. 荷叶、荷花类

1）荷叶包麻鸭

原料：肥麻鸭 1 只，鲜荷叶 5 张，粳米 100 克，料酒 20 克，精盐 3 克，酱油 5 克，白糖 3 克，味精 4 克，大料 1 克，桂皮 1 克，葱 25 克，姜 25 克，老母鸡清汤 200 克，面粉糊适量。

加工：取净鸭肉切成约 4 厘米的块约 20 块放入盆内，加入料酒、酱油、白糖、精盐及切碎的葱、姜拌匀，腌渍 1 小时。粳米洗净沥干水分，放入大料、桂皮，放入炒锅，炒至金黄色，碾成粗米粉，用粗筛筛去杂质，将米粉放入碗内，加鸡清汤搅糊，把腌渍好的鸭块放入糊中拌匀，上屉蒸约 30 分，至酥烂为止。将鲜荷叶洗净，用刀破成 20 块，包进蒸熟的鸭块，包成长方形，包包竖立紧挨，放在碗中，上屉复蒸 15 分，取出食用即可。

特点：成品鸭肉鲜嫩，粉质味厚，酥烂香黏，荷香四溢。

2）香炸荷花

原料：鲜荷花 2 束，京糕 100 克，豆沙 150 克，鸡蛋 4 个，鸡蛋清 50 克，面粉 100 克，玫瑰糖 30 克，植物油 50 克。

加工：将初开放的白荷花摘下花瓣，洗净，京糕切成薄片，鸡蛋打入碗中，用面粉、清水调成糊，在京糕片上，抹一层豆沙卷起，外裹荷花瓣，用蛋清封口，制成荷花瓣卷生坯。植物油入锅，烧至八成热时，将荷花卷上蛋糊，入油锅炸至金黄色，捞起装盘，撒上玫瑰糖即可。

特点：成品色泽金黄，酥香可口。

4. 糕点类

1）藕丝冷糕

原料：莲鞭嫩头或嫩藕头 1 000 克，白糖 500 克，5 个鸡蛋清，淀粉 200 克，琼脂 15 克。

加工：①将嫩藕头洗净，去皮（莲鞭嫩头不必去皮），切成细丝，放入清水中浸泡，琼脂也放入水中浸泡，淀粉加水调成稠厚汁。②清水 1 500 克放于锅中，放入琼脂，温火煮熔，放入白糖，待全部熔化后，倒入淀粉搅匀，呈糊状。倒进藕丝和鸡蛋清，锅下温火，锅上勤搅，使之充分混合。③锅中混合物倒入搪瓷方盘或不锈钢食品盒中冷却定形。④将方盘或食品盒送入冰箱冷冻后取出，切成具有艺术造型的小块，放入盘中，摆成花式，即可食用。

特点：成品风味清香爽适，脆甜嫩滑。

2）桂花糖藕糕

原料：藕粉 250 克，糯米 1 500 克，桂花 150 克，白糖 500 克，熟猪油、蜜饯、核桃仁各 150 克，植物油少许。

加工：①糯米淘洗，清水浸泡后沥干，用沸水连烫 2 次，再沥干水分，核桃仁用沸水浸泡，除去涩味。②蒸笼内铺白布，把糯米倒入，摊平，蒸熟。③藕粉湿润，然后和白糖、猪油一起趁热拌入糯米饭中烫溶，再拌入蜜饯、桂花、核桃仁。④将瓷盘涂抹植物油，倒入糯米饭，旺火蒸 30 分，冷却后切成小块，油煎或凉食均可。

特点：成品香甜软滑，适口香黏。

5. 莲子类

1）琥珀莲心

原料：通心莲子、桂圆肉、冰糖各 200 克，猪板油少许，糖桂花卤 10 克。

加工：①将通心莲子倒入盛有适量清水的锅中煮沸，在小火上再焖约 30 分，捞出。②用桂圆肉将莲子包起来，制成琥珀莲心生坯。③将生坯排入碗内，加莲子汤、猪板油、冰糖、糖桂花卤，盖好盖子，上笼蒸至酥烂，出笼，去板油，倒入盘内。

特点：成品外棕里白，香甜酥烂。

2）莲房鱼包

原料：青绿色的老莲蓬 3 ~ 4 个，750 ~ 1 000 克鳜鱼 1 条，料酒 30 克，酱油 50 克，葱花、姜末、精盐各少许，牙签 3 根。

加工：①将鳜鱼去鳞取出内脏，洗净，削下鱼肉，加入料酒、酱油、葱花、姜末、精盐稍拌腌渍。②将莲蓬平截去底，小心剜出瓤肉，取出莲子，不要弄破莲蓬表皮和莲孔。③将腌渍的鳜鱼块由莲蓬底部填入内，直至鱼肉鼓满莲孔，用 3 根牙签将莲蓬底和莲蓬壳固定。④将莲房鱼包放入大碗，入笼蒸 50 ~ 60 分，蒸熟装盘即可。

特点：成品肉嫩鲜美，入口爽滑。

3）莲蓉馅

原料：莲子 500 克（或直接采用通心莲子），白糖 750 克，猪油 1 500 克，生油 750 克，碱水 100 克。

加工：①将莲子倒入锅中，用碱水拌匀，腌渍 20 分左右，然后倒入 10 千克沸水中盖严，浸闷 1 小时后捞出，放在竹箩内。②在竹箩内搓擦莲子去衣，用冷水冲洗干净，接着将莲子倒入沸水中浸泡软化，捅去莲心。③将莲子用蒸笼蒸熟或用锅煮熟至烂。④将熟莲子制成极细的泥蓉，就成为无糖的莲蓉。⑤将糖与莲蓉同放锅内，大火煮熟，随即改用中火，同时用铲翻搅，并逐渐改用小火，使之炒成干厚的沙状，置于锅的中心，分次入油（不可由旁边入油），用铲不断炒翻搅拌，直到莲蓉呈金黄色即成。

6. 藕粉类

1）蜂蜜藕粉

原料：藕粉 200 克，蜂蜜 50 克。

加工：将藕粉研细，然后将藕粉和水调匀待用。将调好的藕粉倒入锅内，用微火慢慢熬煮，注意不要煎底，边煮边搅拌，直至呈透明糊状为止。停火后加入蜂蜜。

特点：成品香甜味美。

2）藕粉饺

原料：藕粉 1 000 克，面粉（富强粉）500 克或糯米粉与粳米粉各 250 克，金橘饼、青梅、枣泥、荤油豆沙、糖玫瑰、猪油等各适量做馅。

加工：藕粉碾碎，与面粉或米粉拌和，加开水 800 ~ 1 000 克在盆中迅速搅拌混匀，然后倒在案板上按捺揉透，分成 10 克左右一撮的藕粉团，用面杖擀成周边较薄的饺皮，分别包上馅心，捏成饺形，上笼旺火蒸 4 ~ 5 分即可。

特点：成品入口爽滑，柔软细腻，味美香甜。

7. 其他

1）糖藕丸子

原料：鲜藕 1 000 克，红糖 300 克，菜籽油 500 克，精盐、味精、芡粉、五香粉、酱油、麻油适量。

加工：①洗切磨浆。鲜藕洗净，削皮去节，研磨成藕浆。②沥水搓丸。将藕浆用净布包扎，用力挤除水分，放至半干半湿时加入适量的精盐、味精、芡粉、五香粉及酱油、麻油少许，调和拌匀，搓成比鸡蛋略小的藕丸生坯。③油炸笼蒸。将生坯放入滚烫的菜籽油中炸熟，炸熟的藕丸经久耐放。食用时，将藕丸盛入碗内，盖上一层红糖，旺火蒸至红糖全部溶化即可食用。

特点：成品味鲜酥嫩，清爽可口。

2）怀杞莲藕牛肉汤

原料：怀山药 25 克，枸杞子 20 克，莲藕 500 克，牛肉 250 克，陈皮 50 克，大枣 4 个，盐少许。

加工：先将莲藕用清水洗干净，切成块状，大枣洗干净、去核，怀山药、枸杞子、陈皮、牛肉分别用清水浸洗干净。将以上材料全部放入瓦煲内，加入适量清水，先用猛火煲滚，然后改用中火继续煲 3 ~ 4 小时，以少许盐调味，即可佐膳食用。

具有健脾开胃、补血强身的功效。

3）莲藕炒牛肉

原料：莲藕200克，牛肉150克，黑木耳10克，姜数片，葱段数根，蒜蓉1茶匙，生抽、白糖、淀粉、绍酒、麻油、胡椒粉、盐、鸡精、植物油各适量。

加工：将牛肉洗净，横切成薄片，加入生抽、白糖、鸡精、淀粉、麻油腌渍；莲藕洗净削皮后切薄片。黑木耳用温水发开，洗净撕成小片用开水煮5分，捞出沥干水分。炒锅放入植物油烧热，放入黑木耳炒匀，加入盐、糖、少量水和鸡精炒匀，汁干盛出待用。炒锅放入植物油烧热，放牛肉炒至将熟，盛出待用。炒锅再放植物油烧热，爆香姜及蒜蓉，放牛肉翻炒几下，烹入绍酒，加入黑木耳、葱炒匀，用水淀粉勾芡，撒胡椒粉，淋麻油，炒匀即可。

4）莲藕大枣猪骨汤

原料：猪排骨250克，莲藕200克，大枣5个，绿豆15克，盐适量。

加工：猪排骨洗净，切块，去节。大枣去核洗净，绿豆洗净后浸泡30分。将全部用料放入锅内，加清水适量，武火煮沸后，文火煲2小时，调味食用。

5）莲藕猪手汤

用料：莲藕500克，猪手1只，蚝豉100克，姜2片，陈皮少许，盐、生抽各适量。

加工：莲藕去节去皮洗净，猪手去毛洗净斩大块，放入开水煮3分，盛起冲净；蚝豉水泡30分后洗净（泡水留用），陈皮浸软。把泡蚝豉水加适量水和陈皮入煲滚，再把各料放入煲中旺火滚10分后改慢火再煲3小时，放入盐和生抽调味即可。

参考文献

[1]中国科学院武汉植物研究所．中国莲[M]. 北京：科学出版社，1987.

[2]赵有为．水生蔬菜栽培技术问答[M]. 北京：中国农业出版社，1998.

[3]赵有为．中国水生蔬菜[M]. 北京：中国农业出版社，1999.

[4]袁庭芳．蔬菜祛病强身500方[M]. 石家庄：河北科学技术出版社，2002.

[5]黄于明，张国庆．水生蔬菜栽培技术[M]. 上海：上海科学技术出版社，1997.

[6]张和义．新编水生蔬菜栽培和加工[M]. 北京：中国农业科技出版社，1993.

[7]曹碚生，江解增，李良俊．水生蔬菜栽培与病虫害防治技术[M]. 北京：中国农业出版社，2001.

[8]刘秀兰，陈霞．莲藕栽培实用技术[M]. 北京：化学工业出版社，1998.

[9]张宝棣．蔬菜病虫害发生及防治问答[M]. 广州：华南理工大学出版社，2001.

[10]叶静渊．我国水生蔬菜的栽培起源与分布[J]. 水生蔬菜学术及产业化研讨会论文集．长江蔬菜，2001（增刊）:4-12.

[11]刘义满，李峰，柯卫东．绿色食品水生蔬菜概述[J]. 水生蔬菜学术及产业化研讨会论文集．长江蔬菜，2001（增刊）：25-28.

[12]耿福利．西葫芦—莲藕高产栽培技术[J]. 长江蔬菜，2000（06）：12-14.

[13]柯卫东，黄新芳，李双梅，等．水生蔬菜种质资源研究概况[J]. 水生蔬菜学术及产业化研讨会论文集．长江蔬菜，2001（增刊）：15-24。

[14]沈康荣,李家军,吴伶．莲藕覆膜厢作湿润栽培试验[J]. 湖北农业科学,2000(04):53-5.

[15]宫树桥．莲藕地膜覆盖栽培[J]. 中国蔬菜，2000（02）：41-42.

[16]刘义满，傅新发，柯卫东．主要水生蔬菜良种繁育技术[J]. 水生蔬菜学术及产业化研讨会论文集．长江蔬菜，2001（增刊）：83-85.

[17]张洪春．早春中拱棚早熟栽培[J]. 农业知识，2000（03）：22.

[18]刘永．早春茬小拱棚藕高产高效栽培技术[J]. 北京农业，2000（02）：9.

[19]初兆万，梁瑞青，段培旭．硬化藕池栽培新技术[J]. 农业知识，2000（02）：29-31.

[20]陈运中．脱水藕干生产技术[J]. 农业知识，2000（01）：36.

[21]何建君，熊光权，叶丽秀，等．莲藕真空保鲜技术[J]. 长江蔬菜，1998（07）：36-37.

[22]彭静，柯卫东，刘玉平，等．莲藕组织培养技术[J]. 水生蔬菜学术及产业化研讨会论文集．长江蔬菜，2001（增刊）：89-90.

[23]傅新发，柯卫东，周国林．莲藕保护地栽培技术[J]. 水生蔬菜学术及产业化研讨会论文集．长江蔬菜，2001（增刊）：106-108.